JN114550

これでわかる方程式

-算数がもっと身近になる-

黒須　茂　監修

山川雄司，神谷　哲，山崎敬則　共著

はじめに

　筆者 (監修者) は，三人の著者らのように教育現場や産業界で活躍しているわけではなく，もっぱら年金生活による余生を過ごしていますが，今まで通り，銭に追われて窮乏にあえいでいることには変わりはありません．

　戦後すぐ小学校に入学した年代で，同窓会では貧しかったあの時代の想い出話で盛り上がります．わが家庭は父親が旧国鉄職員 (現 JR) ということもあり，安月給でその貧しさは天下一品でした．口の重い実直な父親は，人のよさだけで生き抜いてきた母親に向かって，よく家計のことで小言をいっていました．そんなとき，母親は悔しさまぎれに幼い私に，「いいか．お前は大きくなったら，嫁さんにお金のことと食べる物のことを口にするのではないぞ．それをいうと，嫁さんからすぐ離縁されるぞ．男は，女の城である台所に入ってきてはいかん」と涙ながらにこぼしたものです．

　生来，ボンクラなる筆者は母親の泣き言なんかに耳も傾けようともしませんでしたが，怠け者のせいもあって，この教えだけは守ってきました．そのせいでご飯も炊けない，洗濯もできない先天的な要介護認定患者に成長してしまいました．実は，筆者には三人の男兄弟がいましたが，三人とも家事をやって奥さんを助けている姿を見たことがありません．筆者のかつての職場が学校ということもあって，毎年のように研究室に新しく迎える学生の中には，まめな学生がいるもので掃除でもコンパの準備でもかいがいしく働く重宝な者がいました．かくして雑巾がけひとつやらないとんでもない怠け者ができ上がってしまったのです．

　ところで，筆者の母親のいう教え「男は金銭や食事のことで口出しをするな」はどこからきたのでしょうか．人間が生きていく上で，経済や食

事は重要な項目でありながら，子供の教育から外してしまったのはどう
してでしょうか．この本の執筆にあたり，そのルーツを考えてみましょ
う．これはどうやら日本人の心の中にめんめんと流れている武士道の精
神に端を発しているのではないかと考えます．武士道とはいっても，わ
が家系は決して武士の流れではありません．

　武士は金銭そのものを忌み嫌うし，金儲けや蓄財を賤しみました．よ
く知られた格言にも「何よりも金銭を惜しむな．富は知恵を妨げる」とい
うのがあります．したがって，武士の子は経済のこととは全く無縁に育
てられました．経済のことを口にすることは下品とされ，金銭の価値を
知らないことは育ちのよい証拠でした．多くの藩でも金銭の勘定は身分
の低い下級武士に任されてきました．金銭の勘定より魂の育成とか品位，
品格の高揚を重要視したのです．武士たちの貧しい生活が逆境に屈する
ことのない不屈の精神力を育てたと考えていました．

　戦争が終わって 70 年も過ぎ，戦争の時代であった昭和も過ぎ，平成の
世も終り，新しく令和の元号がはじまらんとしているときに，日本人の心
に未だ武士道の精神が脈々と流れているというのは滑稽です．ところで
筆者は何が言いたいかというと，「武士道の教育では徹底して数学を外し
てきた」ということです．つまり，日本人が数学を軽視してきたのは武士
道の流れであると思うのです．

　戦後，日本の若者の数学力は世界でトップクラスであると自慢してき
た時期もありましたが，それは単なる計算力や直感による即応力の巧み
さであって，本来の数学の能力(論理的思考力)とは無縁のようです．や
がて，高等教育を受けるようになって科学的な正確さをもって論理を組
み立てていく数学理論にでくわすと，戸惑うばかりです．

　この本では，数学を通してものごとを考えながら進めていくことを教
えたいと考えています．数学は公式を暗記して数値を代入して答えを求
めるという，味も素っ気もない無味乾燥な学問ではなく，深淵で奥の深

い人生を豊かにしてくれる素晴らしい学問であることをこの本の僅かな
内容を通して教えたいのです.

　この本を読まれる皆さんには，あなたの周りにいるお子さん，お孫さ
んが質問してきたら，あなたの名誉を挽回するまたとないチャンス到来
です．あなたがねじり鉢巻きで努力して解けなかったとしても，お子さ
んやお孫さんはあなたを軽く見ることはありません．はじめてお子さん
たちの質問に耳を傾けたあなたの誠意ある努力に感謝することでしょう.

　筆者は今のお子様たちの勉強嫌い，とくに数学嫌いをなくすためには，
大人たちがお子さんたちの疑問に思っていることに真剣に向き合ってく
れる態度が大切だと考えています．お子さんたちの疑問点をきちんと聴
いてあげれば，お子さんたちも他人にわかるように真剣に話します．そ
ういう話し合いを通して，理解し合える立派な大人に成長していくので
す．今，教育の不備を学校教育や学校行政のまずさを指摘することがや
たら目立つ風潮にあります．しかし，その前に，家庭の中でお子さんやお
孫さんたちにできることがないのでしょうか.

　家庭教育を少しでも前進させることで，学校教育に対する批判の目も
変わってくるのではないでしょうか．そのような自問自答をこの本では
問いかけています．この本の筆者らは一丸となってあなたを応援します
ので，モヤモヤした箇所についてのご質問があればご一報下さい.

2019 年 12 月筆者(監修者)

筑西市にて

目　　　次

イ ラ ス ト ：奥 崎 たびと

イラスト原案：神 谷 睦　美

第1章 方程式を教えるとは

1.1 数学嫌いをなくすには

江戸時代の話です. 富と名声を得た紀伊国屋文左衛門などの江戸の商人が, 自分の金を使って遊ぶのですから, 文句を言う筋合いはないのかも知れません. しかし, 吉原の花魁 (おいらん) たちを集めて, 気前よく銭金をばらまく光景はどう見ても気分の良いものではありません.

このような話はなにも江戸時代だけの話ではありません. 戦後, 農協の団体さんが東南アジアに出かけて札束で娼婦たちの頬を引っぱたくような模似をして, すっかり現地の人たちのひんしゅくを買ってしまったのが有名になりました. うかつにそんな話題でもすれば, こちらの品格まで疑われてしまったものです. 人間が人間を操るのは昔から最高の道楽というが, 操られる人間にとっては屈辱以外の何物でもありません.

最近, 吉村洋文大阪市長が「全国学力テストの成績を教員の給与に反映させる」という方針を打ち出して, その異常さに教育関係者を驚かせました. 全国学力テストの上位を占めたのが, 秋田県, 青森県, 福井県といったところらしいが, 東北・北陸の教員たちも何も給与を上げてもらいたいがために奮起したのではありません. 少人数教育に自治体独自で努力した結果ではなかったのではないだろうか. 教育に携わったことのない者に権力を与えると, おかしなことが起こります. まさに「権力は腐敗する」とはこのことであります.

少しボーナスが増えるから「点取り指導」に奮起する教員は増えてくるでしょう. 学力テストの低い成績の者は学力テストを受験させないということにもなれば, なんのための学力テストなのかが分からなくなり

ます.

　権力が腐敗すれば，夜と昼を取り違えた教員が増えてくることも当然
でしょう．筆者のかつての職場でも，文科省からの天下りしてきた上司
に取り付く教員たちに，教員同士の結束力が乱されるのが日常茶飯事で
した．それはもちろん今でも変わっていない筈です．世間の親御さんた
ちは二言目には「教育が悪い」「教員が悪い」と言いますが，しかし，教
育環境の悪い中で必死に戦っている教員もいることも事実なのです．こ
の本の読者の皆さんがあなたのお子さんやお孫さんと対話する時間を持
っていただければ，その辺の状況がご理解いただけると思います.

　筆者もかつて受験勉強を経験したことがあります．受験期も終わって
新学期が始まり，新しいタイプの数学の問題に戸惑い，恐る恐る数学の
先生に尋ねると，その問題をすでに知っていたかのように，手品師のよ
うに一瞬の内に解いてみせます．その先生を多くの学生は数学の天才と
いってもてはやすから始末が悪いのです．受験勉強という点取り指導は，
できるだけ多くの問題に遭遇させてその解法を頭に焼き付けることに終

始しています．数学的な論理の組み立てとか思考とは無縁のものです．基本的な定理の証明もわからず，「集合とは何か」「対数とは何か」という質問に対して答えることができません．原理を理解していない暗記数学だけできた受験生を排除するような出題をされたら，もう受験勉強に慣らされた学生はお手上げです．

　この本では，読者の皆さんに少しは余裕を持って数学の問題に親しみ，その意義深さを楽しんでいただくことを期待しています．先日，スマホの講習を聴いて科学技術の日進月歩の発展の凄まじさに腰を抜かして帰りました．スマホに向かって「明日の茨城県南部の天気は？」と尋ねると画面に茨城県南部の天気予報が表示されます．今から半世紀前には，ある特定の個人の母音だけでも認識するのは難しいと言われていましたが，今では誰の声でも認識可能となっています．こういう時代に育った子供たちがどんな大人になっていくのか，とても想像できません．しかし，学問の素晴らしさ，深遠さはいつまでも変わらない筈です．

1.2　数学の使い方を間違う大人たち(統計処理不正に思うこと）

　小学生のときの話です．理科の実験で，ゴムひもの先に錘をつけて，重さとゴムの伸びを表にとり，それをグラフに示す作業がありました．この時，重さとゴムの伸びとが比例するように，都合よくデータをごまかしたことがあります．それを見つけた先生は，日ごろは優しい人でしたが，それこそ大真面目に怒ったのには驚きました．事実を自分の都合のよいように捻じ曲げてはいけないと，こんこんと叱られたことがあります．

　さて今の日本は，官僚たちの文書改ざん問題にはじまり，勤労統計データの改ざん，統計データの不備に到るまで，政府のやること，なすこと信じられないことばかり起きています．また産業界でも，自動車や材料の品質検査データの不正隠しや生産地の偽造，さらに製造現場で発生し

たトラブルをうやむやにし, 日本各地で食中毒を起こして, 倒産の憂き目にあった企業もありました. これは教育現場や家庭で, いわゆる「いい子」ばかりが求められ, また評価されてきたからではないでしょうか? このような問題を起こした政府の官僚たちや企業の人たちのほとんどは, 小さいころかいわゆる「いい子」たちであり, 親や先生たちの顔色を伺い, また彼らが決めた, 都合の良いストーリーから外れることを極端に恐れていた子供たちだったのではないでしょうか? つまり, 学校や家庭での教育で「いい子」を求めるあまり, 真実を知るということよりも, 想定したストーリーから離れない, 道から外れないということを自然と優先するようになってしまったのではないでしょうか?

いい子は
いつの日か
マザコンに…

　研究や開発や製造を行う場合, つじつまが合わないこと, 理論と合わない現象は常に起きます. これを無かったことにしてしまうことは, 真実の追求の放棄であり, また非常にもったいないことなのです. なぜなら, 多くの場合, この不都合な事実や偶然起きた想定外の結果には, 大きな気づきや発見が隠れているからです. このような経験は, 学校帰りの寄り道で見つけた道端の動植物の様子や, 会社帰りの寄り道で偶然見つけたお店やカフェが思いのほか良かったなど, 皆さんも実際に経験してい

ることがあると思います．つまり，このようなことを一度でも知ってしまったら，不都合な事実，偶然の産物，寄り道は大歓迎！と思えるようになるのです．

　昨今の政府官僚たちのデタラメや大手企業の不正を見ていると，デタラメや不正に関わった人たちは，子供の頃は「いい子」だったかもしれませんが，今や完全に罪深い「悪い子」になっていることに自分たち自身で早く気づいて欲しいものです．もっとも，このことに自分自身で気づくようなら，最初からこのようなデタラメや不正には加担しなかったことでしょう．そう思うと，この本で述べている方程式についても，無批判的に公式を覚えて，とにかく早く正確に問題を解くことだけでなく，その裏に隠れている事実や考えについて，本書のトピックスやグラフなどから多角的に考えることも大切だと思います．

1.3　数学ができない理由は大人の責任

　筆者はかつての職場で教え子に対して，「偉くなることに越したことはないが，別に平社員でも平教員でもかまわないよ．ただ，「それはおかしい」「それは矛盾している」ということに対しては，自分なりの意見が言えるようになってほしい」と言ってきました．

　今の子供たちも，小さい頃はそのような素朴な疑問や質問を大人達に投げかけ来たはずです．しかし，私たち大人はその質問に真摯に向き合うことなく，適当に受け流してしまうことが多かったのではないでしょうか？「くだらないことは考えずに勉強しろ」，「物事とはそういうものだ」，「無批判的にやればよいのだ」などと，本質とは異なる答えばかりを聞いた子供たちは，その回答に失望し，いつしか深く考える事や議論することをあきらめてしまったのかもしれません．つまり，子どもたちの数学嫌いの理由は，子供たちに深く思考することをあきらめさせてしまった，我々大人に大きな責任があるのではないでしょうか．

　自分ができないにしても，一緒に考える，一緒に悩む姿を子供たちに見せることで，なるほど，大人でもわからないことがあるのだな，わからないことをわからない！ということは，決して恥ずかしいことではないのだな，ということ，さらには決して子供たちを見放しはしないよ！という姿勢を，身をもって伝えることが必要なのではないでしょうか.

1.4　数学を嫌いになるのは成長の証し

　数学を勉強する中で，多くの人たちが数学に苦手意識を持ったり，また挫折を経験するのは，方程式を取り扱い始める中学2，3年生頃からではないでしょうか？

　筆者も皆さんと同様に，その時期に数学が嫌いになりました. 中学2，3年にもなると自我も芽生え，今まで通り，先生に言われた通り無批判的に手を動かして，決められた時間の中で単に式を操作しながら解くという作業に疑問を持ち始めます.

　つまり

① 　そもそも，方程式を解く理由がわからない

② 　実際に方程式がどんなところで役立つのかわからない

③ 　単純操作(例えば因数分解，解の公式の利用)をすることの意味がわからない

という考えを持っている人が多いのではないでしょうか？

　反抗期と重なり，このような疑問がわいてくるのは当然だと思います．またこのようなことに疑問を持つことは実際の社会では非常に重要で，無批判的にロボットのように先生の指示だけ守り動いている生徒よりは，このような疑問を持つ生徒の方がよほど成長しているし，社会に出ても活躍できると思います．いわば，数学を嫌いなるのは一つの成長過程なのかもしれません．しかし，その疑問に明確に答える先生や親は周りにおらず，ずるずると数学が嫌いになってしまうケースがほとんどなのではないでしょうか？

　筆者らは数学，とくに方程式で数学について挫折した経験があり，また数学の専門家でもありません．しかし「モノづくり」の仕事を通じで常に数学を武器として使っています．難しい式をしかめっ面して解くようなことではなく，この本で取り上げられたような方程式を基本として，様々な物理現象の整理や解釈，課題の解決や対策の立案などに方程式を使っています．

　このような背景と経験を踏まえ，挫折の先輩として？今まさに方程式を解く意味や意義について深く考えている皆さんに，数学，特に方程式を立てる，解く意味について，身近な例を踏まえてお話しましょう．

1.5　方程式はなぜ難しい？

数学の教科書を見ていると，とにかく数字と式の羅列ばかりで，その式の物理的意味や結果が示す価値などについて述べているものは余り多くありません．これは，数学という学問がそもそも物理現象など複雑な現象を抽象化し，様々な事象にも当てはめて使うことができるように，一般化しているからです．例えば，物体の運動（位置や力の変化の様子）や微生物の増殖傾向（培養温度や時間による菌数変化）などは，起きている物理現象は異なるものの，基本的には同じ式で表すことができます．

よって，数学で扱う方程式を立てることや解くことの意義，また方程式を解いた結果の意味は，実際に身近にある物理現象と照らし合わせることで，その有用性を実感できると思います．つまり，方程式を立てる，解くということは，単に机上で無批判的に操作することが目的ではなく，しっかりとした物理的な意味と密接に関連づくことを知っていただきたい．そして，方程式を立てて，また解くという武器の使い方が分かることで，世の中の様々な物理現象を整理したり，理解したりできるようになることを知ってほしいのです．

1.6　身近な現象を方程式で表してみよう

1.6.1　貯金の問題

方程式は単なる数学の問題ではなく，日常の問題を解くことにも使えます．

例えば，貯金について考えてみましょう．お店で見かけたかわいい洋服や腕時計など，街にはたくさんの魅力的な商品がありますが，それらがすぐに手の届く金額でない場合は，貯金をする必要があります．

今，欲しいものの金額が 10 万円とします．月々のお小遣いが 1 万円だとすると，これを買うために必要なお金が貯まるには 10 ヶ月かかります．これは簡単なので暗算できますが，貯金に必要な月数を x として，この

問題を方程式で表すと，次のように書けます．

$$1 \times x - 10 = 0$$

この式は，目標金額(10万円)と貯金額(1万円×x)の**差額が0になる月数を求めるための**x**に関する1次方程式**であり，解き方の詳細は後で述べますが，解は次のようになります．

$$x = \frac{10\,万円}{1\,万円/1\,ケ月}$$

$$=10 \quad ケ月$$

単純な算数や数学の計算問題では，単位を問題にすることはありませんが，実際の問題では必ず何かしらの単位が付くので，注意が必要です．

さて，ここで出した答え(**解**と言います)の意味について考えてみましょう．上で述べた1次方程式で示された関数をグラフにすると**図 1-1** のようになります．1次方程式を解いて得られた答えは，実はグラフ上では，yの値が0になるときのxの値になります．

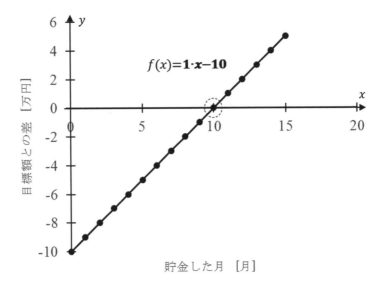

図 1-1　関数 $f(x)=1 \cdot x - 10$のグラフ

1.6.2　植木鉢の落下問題

　次に二階のベランダから植木鉢を落としてしまった時の運動について
考えてみましょう. 自宅の二階でお母さんが洗濯物を干しているところ
を想像してみてください. 物干しのそばには植木鉢があるとします. お
母さんが間違えて植木鉢を落としてしまったときに, 植木鉢が地面に落
ちるまでの時間はどのくらいなのでしょうか.

　ここで, ベランダから落下する植木鉢の運動 (位置:y, 時間: xの関係)
は, 次のような式で表すことができます.

$$y = \frac{1}{2}g \cdot x^2$$

ここでgは重力加速度 ≒ 9.81 [m/s²]を示します.

　初期(時間 0 秒での)の植木鉢の位置を 0 m, 地面までの距離:Yo を 3 m
とすると, 植木鉢は時間とともに下向きに移動します. この様子をグラ
フにすると**図 1-2** のようになります.

グラフから分かるように，二階のベランダの植木鉢から地面までの距離(以下 L と示す)は時間とともに減少し，植木鉢は約 0.8 秒で地面に到達することが分かります．

この運動について方程式を使って表してみましょう．問題は，植木鉢が地面に到達するまでの時間を求めることです．

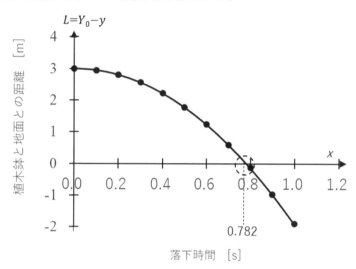

図 1-2　植木鉢の落下運動

(植木鉢から地面までの距離の変化)

　地面に植木鉢が到達するということは，時間とともに変化する植木鉢と地面との間の距離 (L) が 0 になるということです．

　このことを式で表すと，次のようになります．

$$L = 0$$

　植木鉢と地面の間の距離 (L) は，初期の距離 (Y_o) から時間とともに変化する植木鉢の運動 (y) を引けばよいので，次のように示すことができます．

$$L = Y_o - y$$

　この関係を上の式に代入してまとめると，次のようになります．

$$Y_o - \frac{1}{2}g \cdot x^2 = 0$$

　さらに**x**についてまとめると，次のようになります．

$$x^2 = \frac{2 \cdot Y_o}{g}$$

　数値を代入して計算すると

$$x^2 = \frac{2 \cdot 3}{9.81}$$

$$x = \sqrt{\frac{6}{9.81}} \cong 0.782 \ [\mathrm{s}]$$

となります．つまり，ベランダから落下した植木鉢は，落下から 0.78 s で地面に到達します．

　さて，この例で立てた式は**時間：xに関する 2 次方程式**であり，方程式を解くことで出てきた解は，図に示したグラフにおける曲線と横軸の交点の数値と等しくなります．つまり，方程式を解くということは，グラフの縦軸：L の値が 0 m になる（植木鉢と地面との距離が 0 になる距離）ときのxを求めること（曲線と横軸の交点を求めること）なのです．

1.7 方程式を解く意味とは？

このように，貯金のような日常の身近な問題も1次方程式で表すことができましたし，植木鉢が落下する問題では，2次方程式で物理現象を表すことができました．また，方程式の解を求めることで，実際に起きる様々な問題に対して数値として答えを導くことができました．

実際の貯金の場合は，金利の問題や個人のむだ遣いによる収入と支出とのバランスによって，これほど簡単にはお金は溜まりません．同様に植木鉢の問題でも，生い茂った葉や枝など植木の形状に依存する空気抵抗がありますので，植木鉢が地面に到達する時間はもう少し遅いと思われます．

このように，複雑な社会現象や物理現象をより単純化し，1次方程式や2次方程式，3次方程式を使った形にモデル化ができれば，解を求めることができます．方程式を解く意味は，このような社会現象，物理現象を理解するための解を求めることとも言えます．そのためには，武器として，また手段として，方程式を立て，また解けるようにしておくことが重要だと思います．

　次の章から，様々な方程式を解くためのコツやヒントについて述べていきます．方程式を解くための単なる操作だけでなく，ぜひその裏に隠れている意味を理解するように心がけてください．きっと，今まで苦痛で仕方なかった方程式を解くという操作が，少しは苦痛ではなくなるのではないかと思います．

トピック1：方程式を解くことの意義？（深層学習と人間らしさ）

　方程式を解くためには，いくつかの試行錯誤を繰り返さないといけないものもありました。囲碁や将棋の世界では，頭の中で試行錯誤を数多く繰り返すうちに，感覚も研ぎ澄まされ，瞬間的に大局的な見地で大胆な方法を見出すことがあるようです[注]。あれこれ試行錯誤しながら何回も問題にチャレンジするうちに，すらすらと問題を解けるようになることは著者のみならず，あなたもスポーツや音楽，ゲームなどの分野では経験済みだと思います。試行錯誤やチャレンジの頻度，小さい失敗の繰り返しこそが，人の能力を向上させ，また人の知恵としての引き出しを増やすことにつながると思います。

　これまでは，決まりきったことしかできない人を「ロボットのように融通が利かない」などと揶揄していました。しかし，昨今の深層学習（ディープラーニング）に代表されるAI（人工知能）技術では，AIが積極的に成功事例と失敗事例の因果関係を勉強します。これはいわば試行錯誤の結果を高速かつ大量に学習している（覚えている）と言えます。　人間以上に試行錯誤を繰り返すAIがある一方で，人間はどんどんとマニュアル化し，決まりきったことしかできなくなりつつあります。今後，多くの仕事がAIにとって代わられると言われている現在，方程式を解くための試行錯誤の意義は，人が人間であるための訓練と言えるかもしれません。

注：羽生善治著：大局観-自分と戦って負けない心-，角川書店

第2章　① 次 方 程 式

2.1　1次関数と1次方程式は関数を知る上で基本中の基本

　この章では，1次関数と1次方程式を考えていきます．これらを理解することは，あらゆる関数を理解することにつながり，基本的な考え方となります．説明に入る前に1次関数を簡単に言うと，グラフにすると直線で表すことができる関数(関数の説明は2.6.1でします)のことです．

　なぜ，1次関数と1次方程式が基本と言えるのでしょうか．例えば，次の**図2-1**のような曲線の関数を考えてみます．曲線全体(左図)を見ると，なんとも複雑そうに見えます．しかし，左図の点線の丸で囲んだ部分を拡大する(局所的に見る)と，右図のようになります．この拡大した部分だけは，直線と見なすことができることが分かります．したがって，1次関数と1次方程式が基本と考えることができます．

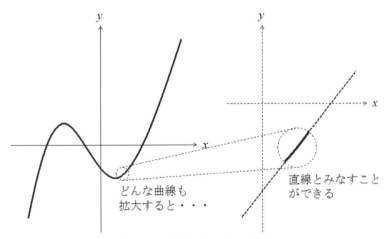

図 2-1　曲線も拡大すれば直線

　そして，この拡大して局所的に捉える考え方は，工学の分野において良く使われるもので，**線形化**と呼ばれています．これによって，複雑な問題も簡単にすることができて，問題を解くきっかけを与えてくれます．ただし，拡大した部分だけで問題を考えたことになりますので，拡大した部分以外ではどうなるか分かりませんし，その部分を考えることも必要になる場合もあります．

　現在，人工知能技術 (AI : Artificial Intelligence) が我々の仕事を奪うのではないかと世間を賑わせていますが，この人工知能技術の基本的な考え方の一つとして，たくさんのデータを解析して直線で表す方法「**最小二乗法**」があります．求めたい関数として，1 次関数を想定して，その関数とたくさんのデータとの誤差が小さくなるように 1 次関数の係数 (詳細は 2.6.1 節を読んでください) を求める問題です．このように，最も基本的な 1 次関数が現在の高度技術の基礎となっているのです．ですから，本章の 1 次関数や 1 次方程式を理解することはとても大事なことなのです．最小二乗法は，1 次関数だけに用いられるものではなく，2 次関数，3 次関数，$\cdots$，n 次関数 (n は 1 以上の整数) にも用いることができます．

　図 2-2 のようなデータが得られたときに，そのデータを最小二乗法を用いて 1 次関数で近似すると，図の中の「1 次関数」が得られます．この 1 次関数からどんなことがわかるのでしょうか．例えば，このグラフの横軸は年代で，縦軸が高齢者人口数としたとき，年々高齢者人口が増加傾向にあることがわかり，さらには，今後もますます増え続けていくであろうということも想定できます．このようにデータから，傾向を見て，さらに将来の予測ができるようになるのです．

　さて，では 1 次関数には，日常生活において具体的にどのような例があるでしょうか．例えば，日本では 2020 年の東京オリンピックに向けて準備が進められていますが，そのオリンピックでの陸上競技のマラソンを考えてみましょう．マラソン選手の走る速さが常に一定ではありませ

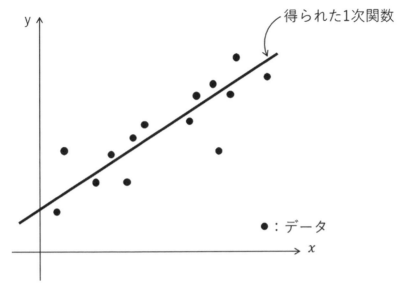

図 2-2　最小二乗法による近似例

んが，ほぼ同じ速さだと仮定すると，走った距離は

走った距離＝速さ×走った時間

ですから，走った時間に応じて走った距離も増えていきます．グラフに示すと**図 2-3**のようになります．その他の陸上競技においても同じように考えることができます．ただし，アスリートの走る速さは一定ではないということに注意してください．

　また，1次関数の例は，人間が走るだけでなく，自動車やバイク，飛行機，船舶等にも適用できます．これらも動く速さを一定とすれば，動く時間に応じて，一定に走行・飛行距離が増えていき，図と同じようなグラフを描くことができます．

　これらの例の他にも，スーパーでのお買い物も 1 次関数で考えることができます．1 個 100 円のジュースを 10 本買えば 1000 円になり，15 本買えば 1500 円となります．このように買うジュースの本数が増えれば増えるほど，その代金も増えていきます．さらに，**図 2-4** のように 100g 当

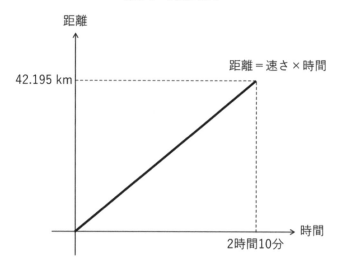

図 2-3　マラソン選手の走った距離と時間の関係

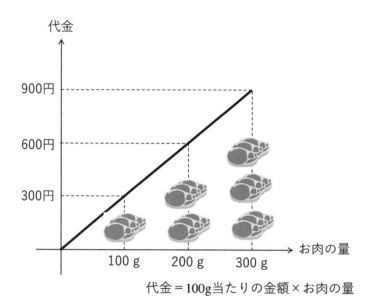

図 2-4　肉の量と代金の関係

たり 300 円のお肉を買う場合も, 100g であれば 300 円のままですが, 200g にすれば 600 円, 300g にすれば 900 円と代金が増えていきます.

　その他にも, 電気代や水道代も 1 次関数の例に当てはまります. どちらも電気を使った分だけ, 水を使った分だけ, 利用料金が段々に増えていきます. 日常生活のありとあらゆるところで 1 次関数の計算が行われており, 生活をしていく上で 1 次関数を理解しておくことは重要であると思います.

トピック 2：計算機で方程式を解く？

　方程式を計算機(コンピュータ, パソコン)で解く方法を簡単に説明します. 下図のように, y の値がプラスとマイナスを取るように, 2 つの x を定めて, その x の範囲を狭めていくことで方程式の解を求めることができます. x をどのような間隔で更新していくかにもよりますが, あるところで, 符号が入れ替わらなくなる点がきます. その時の x が方程式の答えとする方法です. この方法は**ニュートン法**と呼ばれています. 複数の解が存在する場合には, この方法を解の数の分だけ行う必要があります. また, はじめに x をどのように与えるかが, 重要となります.

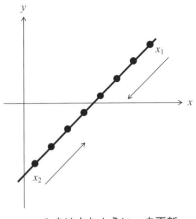

y=0 をはさむように x を更新

2.2　1 次方程式とは

2.2.1　文字の意味

　小学校では，1, 2, 3, …などの整数，$\frac{1}{2}$, $\frac{1}{3}$, $\frac{2}{3}$, …などの分数，2.6, 3.5, 0.3, …などの小数を学び，高学年になると a, b, c, …や x, y, z, …などの文字を使った計算(代数)が出てきました．低学年でも

$$5+\Box=12 \qquad (*)$$

という問題がでてきますが，これは□の代わりに，x という文字をつかって

$$5+x=12 \qquad (**)$$

と書いて，x を求めさせても，まったく同じことになります．**文字**とは，数を便宜的にアルファベットなどの文字で表した記号です．

　中学校に行くと，次のような公式を習いました(詳細は第 3 章で説明します)．

$$(x+y)^2=x^2+2xy+y^2 \qquad (***)$$

これは x, y のどのような値に対しても，つねに未来永ごう成り立つという意味で**恒等式**と呼ばれています．このなかの文字 x, y もやはり一般の定数です．

　($**$)式では，文字 x の肩には数字がありませんが，($***$)式では，文字 x や y の肩に数字 2 があります．この数字の数によって式の**次数**が決まります．($**$)式をこの次数を用いてきちんと書くと，

$$5+x^1=12$$

となります．文字 x の肩に 1 がありますが，一般的にこの「1」は省略します．肩の数字が 1 であるために，この式は**1 次式**と呼ばれています．($***$)式は肩の数字が 2 であるために，この式は**2 次式**と呼ばれています．同様に，x^3(肩の数字が 3)の場合には，**3 次式**と呼ばれます．この本では，この 3 次式までを説明していきます．もちろん，これらの次数

以上の n 次式（肩の数字が n（n は 1 以上の正の整数））もありますが，それは必要となった時に勉強すれば良いと思います.

2.2.2　方程式とその解

この文字 x や y は**未知の定数**として扱う場合があり，たとえば，

$$5+x=12$$

という方程式の中の文字 x にはある決まった定数が入りますが，まだ分かっていません. そのため，**未知の定数**（たんに**未知数**ともいう）と呼んでいます. 文字 x がある値をとるときにだけ成り立つ等式を「**方程式**」といい，その未知の定数を探しだすことが「**方程式を解く**」ことなのです. 求められた未知の定数の値

$$x=7$$

を「**方程式の解**」と呼んでいます.

はじめの式は 1 次式であり，また方程式となっているため，**1 次方程式**と呼んでいます.

2.3　等式の性質

等式とは，2 つの対象（数）の関係が同じである場合に表す数式のことです，方程式も等式の一種として考えることができます. たとえば，

$$5=5$$

や，文字を使ったものでは，

$$x=y$$

と書きます. この文字の等式のときには，x と y には同じ数が入っていることになります. その他にも，長方形の面積を例にとりあげて考えます. 横の長さを x として，縦の長さを y とします. そして，面積を z とします. すると，つぎの等式が成り立ちます.

$$z=xy$$

ここに，x, y は一般の定数ですから，どのような数をあてはめてもかまい

ません.

　ところで，$x=y$ という式は，なにを意味しているのでしょうか.「a は b になる」は正しいように見えますが，x という状態が「過去」で，y という状態が「現在」という感じがします. そのように「＝」を理解していると，小学校の高学年になると，文章題が解けなくなってしまいます. そこで，今日からは左側と右側とがつりあっているときに「＝」という記号を使うと考えることにしましょう.

図 2-5　等式　りんごと 200g の分銅がつりあっている

　等式の四則演算には，次のような原理があります.

等式の両辺に同じ数を足しても，引いても，
掛けても，割っても，等式は成り立つ

いま，x, y, z を任意の(勝手な)定数として，$x=y$ であるときには

　　　1.　$x+z=y+z$

　　　2.　$x-z=y-z$

　　　3.　$xz=yz$

　　　4.　$\dfrac{x}{z}=\dfrac{y}{z}$

となります．これらの 4 つの等式は両辺が**定義できるかぎり**において成り立ちます．とくに，

$$x＝y\pm z$$

は

$$x－(\pm z)＝y$$

と同じことです(**複合同順**(「全て上側の符号を採用する」か「全て下側の符号を採用する」．この場合，＋は＋，－は－に対応))．これは右辺にある z を，符号を変えて左辺に移す操作に見えることから，この「入れ替えること」を**移項**と呼んでいます．

2.4 移項の意味

移項とは，方程式のある項を左辺から右辺へ，または右辺から左辺へ移動させる操作をいいます．移項を行うことにより，方程式を簡単にすることができます．

例えば，方程式

$$5x＋10＝3x＋16$$

を考えます．定数項を右辺に集めるために，左辺の 10 を右辺に移項させます．それには，両辺から 10 を引きます．すると，

$$5x＋10－10＝3x＋16－10$$
$$5x＝3x＋6$$

と計算することができます．このように左辺の 10 を右辺に移項させたときに，符号が変化します．さらに，右辺の $3x$ を左辺に移項することを考えます．それには，両辺から $3x$ を引きます．したがって，

$$5x－3x＝3x＋6－3x$$
$$(5－3)x＝6$$
$$2x＝6$$

となります．まん中の $5x-3x=2x$ の操作を，**同類項にまとめる**といいま

す．最後に，両辺を 2 で割ると，方程式の解は

$$x = 3$$

となり，これで方程式は解けたことになります．

もう一つの方程式

$$2x + 9 = 5x + 21$$

を考えてみましょう．左辺の 9 を右辺に移項し，右辺の $5x$ を左辺に移項すると，

$$-3x = 12$$

と方程式を簡単にすることができます．そして，両辺を-3で割ると

$$x = -4$$

と答えが求まります．このように，等式の四則演算を用いて方程式をできるだけ簡単な方程式に変形し，方程式を解きます．

さて，「袋の中に，3 個のボールが入っていたとします．そして，袋の中に x 個のボールを入れたとき，袋の中のボールが 10 個になりました．袋の中に入れたボールの数 x はいくらですか」という文章題を考えてみましょう．

3 個のボールに x 個のボールを足したら，10 個になったという文章題は

$$3 + x = 10$$

という方程式で書き表すことができます．このままでは x が求められないので，左辺の第一項の 3 を右辺に移項すると，

$$x = 10 - 3 = 7$$

と変形して，答えが求められます．

さらに複雑な方程式であっても，簡単な方程式 $x=7$ に導くまでは，すでに認められたさまざまな性質や約束を使っているのですが，これを同値変形と呼んでいます．方程式を解くという作業は，決められた約束を

守って，最も簡単な式に同値変形することであるということができます．

2.4.1 代数の文法

代数は文字を使った数一般を意味していますから，演算を行う上で，英語を習ったときの文法と同じような約束があります．それはとても簡単なものです．今までの話のなかでも，意識しないで使っていました．

初めにでてくる文法は**足し算の交換法則**です．それは二つの数 x, y を足すとき，足す順序を替えても，答えは同じになるということです．つまり，つぎの式

$$x + y = y + x$$

で書き表すことができます．

同じことが，掛け算についてもいえます．二つの数を掛ける順序を替えても，答えは同じになるということです．

$$xy = yx$$

これが**掛け算の交換法則**です．

そんなことは当たり前という人がいるかも知れませんが，この交換法則も私たちの日常の行動に照らしてみると，必ずしも当たり前ではないのです．たとえば，医者から「このお薬はかならず食後 30 分後に服用して下さい」といわれたとき，「薬を飲む」という行動と「食事をする」という行動を交換してはなんの効果もありません．そのような視点からみると，私たちの行動の多くが交換可能ではないということになります．

足し算や掛け算という手続き（または操作）について，どちらから先にやっても結果として同じになるというのが，**結合法則**です．これを式で書くと，

$$(x + y) + z = x + (y + z)$$

$$(xy)\, z = x\, (yz)$$

となり，上の式が**足し算の結合法則**であり，下の式が**掛け算の結合法則**です私たちは無意識にこの法則を使って暗算していたのです．例えば，

$$7+6=7+(3+3)$$
$$=(7+3)+3$$
$$=10+3$$
$$=13$$

結合法則

となります．頭の中で 7 に何を足したら 10 になるかを考えて，無意識に結合法則を使っているのに気がつきます．

また，掛け算においても

$$6×50=6×(5×10)$$
$$=(6×5)×10$$
$$=30×10$$
$$=300$$

結合法則

となり，途中において結合法則を使っているのに気がつきます．

最後に，**分配法則**というのがあって，足し算と掛け算の間の関係を表しています．例えば, 4 人家族のお母さんが買いものに行って, 1 切れ 250 円のブリの切り身を 4 切れ, 1 個 180 円のリンゴを 4 個買ったとします．そのとき，ブリの切り身とリンゴを別々に計算する方法では,

$$250×4=1000$$
$$180×4=\ 720$$

合計 1000+720＝1720 円

となります．もうひとつの方法は

1 人分・・・・・・・・・・・・・250＋180＝430

4 人分の合計・・・・・・・430×4＝1720　円

となります．結局,

$$(250+180)×4=250×4+180×4$$

となり，同じ結果になります．代数で書けば

$$(x+y)z=xz+yz$$

となり，これを**分配法則**と呼んでいます．

上に述べた代数の文法をまとめると，次のようになります．

表 2-1　代数の文法

	足し算	掛け算
交換法則	$x+y=y+x$	$xy=yx$
結合法則	$(x+y)+z=x+(y+z)$	$(xy)z=x(yz)$
分配法則	$(x+y)z=xz+yz$	

2.5　方程式の解

　方程式の解とは，方程式の未知の定数を探しだすことです．すなわち，

$$5+x=12$$

という方程式を考えたときに，

$$x=7$$

と x を求めることです．

　では，いくつか方程式を解いて，まず解くことに慣れましょう．1 次方程式の場合には，2.2 節で説明した移項や 2.3 節で説明した代数の文法を用いることで解くことができます．

　初めに，次の 1 次方程式を考えてみましょう．

$$8-x=5$$

左辺の 8 を右辺に移行すると，

$$-x=5-8$$
$$-x=-3$$

となります．両辺に－1 を掛けると

$$x＝3$$

となり，方程式の解が求まりました．

　次に，少し複雑な 1 次方程式を解いてみましょう．

$$4x＋3＝5(x－1)＋4$$

分配法則を用いてカッコを開くと

$$4x＋3＝5x－5＋4$$

となり，

$$4x＋3＝5x－1$$

移項すると，

$$3＋1＝5x－4x$$

となり，方程式の解が

$$x＝4$$

と求まりました．

　最後に，次の方程式を考えてみましょう．

$$60×(10＋20)＋20x＝1920$$

方程式を整理すると，

$$1800＋20x＝1920$$

となり，定数項を右辺に移項すると

$$20x＝1920－1800$$
$$＝120$$

となり，両辺を 20 で割ると

$$x＝6$$

となり，方程式の解が求まりました．

2.6　方程式の解の理解

　ここでは，1次方程式の解を，グラフという図を用いて理解していきます．初めに，1次式の値をグラフにプロットすると，どういう図になるかを見ていきましょう．

2.6.1　1次関数

　次の1次式

$$4x$$

を考えてみましょう．xが1のとき，この値は4になります．つぎに，xが2のとき，値は8になります．同様に，xが3のとき，値は12になります．xが与えられると，それに対応する値がえられます．この値をyとすると，xとyの関係はつぎのようにかくことができます．

$$y = 4x$$

このようなxとyの関係を表す式を**関数**といい，xの値が変われば，yの値も変わります．今考えている関数$y = 4x$ではxが1次式であることから**1次関数**と呼ばれます．また，この関数において，xの値を1から2に2倍にすると，yの値は4から8と2倍になります．同様に，xの値を1から3に3倍すると，yの値は4から12へと3倍になります．このように，xの値を何倍かしたときに，yの値も同じ分だけ倍になる関係であることが分かります（表2-2）．このような関係を**比例関係**とよんでいます．この関係をグラフに示すと，**図2-6**のようになります．ある関数の変化する様子を一目で見えるようにするために，グラフという手段が利用されました．

　この関数$y = 4x$において「4」は**傾き**と呼ばれています．xの値が1だけ大きくなったときにyの値がいくつ大きくなるかを表すものです．そして，この傾きは入力と出力の比を表したものです[注]．このように，入力と出力の関係が比例関係である関数は**1次関数**とよばれる関数の中で特

注）アンプの増幅度のような意味です．

トピック 3：成果の価値提示（グラフの有効活用）

　実験結果をとにかく表にまとめることが好きな人がいます。確かに実験条件を項目ごとに分けて，または類似の条件をまとめて示すことができる表は，実験条件の整理には適した方法です。しかし，実験結果を一覧表にまとめただけで終わりにしてしまう人が意外と多いようです。研究成果の価値提示は，学術ならびに産業界でも非常に重要なので，我々はできるだけ分かりやすく価値を伝える方法を常に考える必要があります。

　物事は視覚化すると見えてくる[注]と言われています。よって，実験結果はできるだけグラフにすると良いでしょう。この時，グラフの横軸の項目は実験 1，実験 2 などの数値化できない項目名でなく，何かしら数値化できる指標や物理量にすると現象を理解しやすくなります。昨今の表計算ソフトは，適当な数字に対して，簡単に近似式を書いてしまいますが，その式の物理的な意味（例えば，時間 0 で原点を通るはず，収束値を持つはず，その区間には極大値を持たないなど・・・）を考えて使わないと大きな間違いをする可能性があります。昔から，子供を見れば親がわかる・・・などと言われますが，実はグラフをみれば，その人のスキルが分かるのです。人は意外なところで評価されるので，たかがグラフ，されどグラフとういことで注意が必要です。

注：鍵本聡著：人生は数学で考えるとうまくいく-経済界新書

表 2-2 比例関係

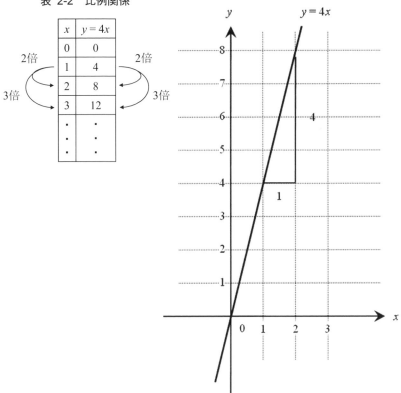

図 2-6 正比例のグラフ

別な場合です.

　では，1次関数の一般形とはどのようなものなのでしょうか．そこで，はじめにあげたマラソン選手の走った距離についての例で考えてみましょう.

　初めに，走った距離を y とします．もともと走った距離が b（マラソンでは $0\,\mathrm{km}$ となります）であるとき，$y=b$ となります．マラソン選手が走った時間 x の場合を考えます．このとき，x 時間走ったことにより，走った距離が ax だけ増えたとします（マラソン選手の走る速度を a としてい

図 2-7　選手の走った距離

ます）．したがって，マラソン選手が走った距離 y は

$$y = ax + b$$

となります．

　このように，x に比例する項 ax と定数の項 b から作られている関数を 1 次関数の一般形と呼んでいます．ここで，a は**傾き**，b は**切片**（せっぺん）といいます．切片 b とは x が 0 のときの y の値を表し，走った時間 x が 0 の時の走った距離，すなわちもともと走った距離になります．

　具体的に数値例をもとに，そのグラフを描きたいと思います．時間 x が 1 だけ増えたときに走った距離が 1 増えるとします．すなわち，$a = 1$ となります．そして，もともと走った距離を 2 とします．すなわち，$b = 2$ です．グラフに描くと，1 次関数は**図 2-8** のようになります．

　1 次方程式を考えるときに注目してもらいたいのが，$y = 0$ での x の値です．すなわち，グラフにおける x 軸との交点における座標です．実はこれが 1 次方程式の解となっているのです．

　今，考えている関数は

$$y = x + 2$$

というものです．$y = 0$ を考えるので，

$$x + 2 = 0$$

という1次方程式となります．2を移項すると

$$x=-2$$

が解となります．グラフを見ると$y=0$におけるxの値は-2となっています．

複雑な1次方程式があった場合には，

$$x の 1 次関数＝0$$

として，プロットすると図2-8から方程式の解を求めることができます．

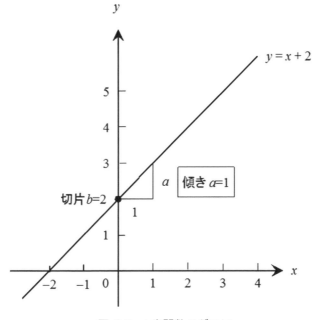

図 2-8　1次関数のグラフ

実は1次方程式だけでなく，n次方程式（nは任意の正の整数）においても同じ考え方が通用し，n次関数のグラフを描くことができれば，n次方程式の解をグラフから求めることができます．一般的に，次のように書くことができます．

$$y=f(x)＝0$$

右辺の $f(x)$は x を使った任意の関数を表しており，関数を 1 つに定めず，一般的な形として表す場合に用いられます．

2.7　1 次関数のグラフを利用して解く方法

　ここでは，与えられた 1 次方程式から，左辺＝0 の形に変形して，左辺の 1 次関数のグラフを描いて，そのグラフから方程式の解を求めてみましょう．2.5 節と同じ問題を考えて，同じ解となることを確認しましょう．

$$8-x=5$$

　左辺＝0 の形に変形すると，

$$-x+3=0$$

または，

$$x-3=0$$

となります．ここで，

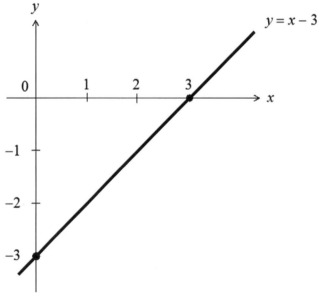

図 2-9　$y=x-3$ のグラフ

$$y＝x－3$$

として，この1次関数をグラフに描くと，**図 2-9** のようになります．

このグラフから $y＝0$ における x の値を見ると，$x＝3$ であることが分かります．

したがって，この方程式の解は

$$x＝3$$

となります．

次に，

$$4x＋3＝5(x－1)＋4$$

を考えてみましょう．はじめに，・・・＝0 となるように方程式を変形させてみましょう．カッコをはずすと，

$$4x＋3＝5x－5＋4$$

となります．右辺の項をすべて左辺に移項すると，

$$4x＋3－5x＋5－4＝0$$

$$－x＋4＝0$$

または

$$x－4＝0$$

となります．ここで，

$$y＝x－4$$

として，この1次関数をグラフに描くと，次の**図 2-10** ようになります．

このグラフから，$y＝0$ における x の値を見ると，$x＝4$ であることが分かります．

したがって，この方程式の解は

$$x＝4$$

となります．

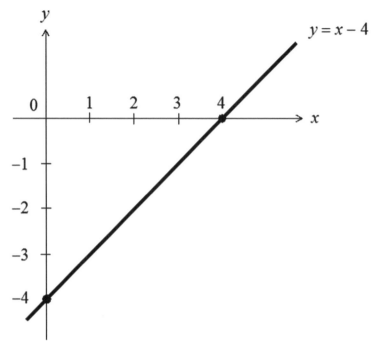

図 2-10　$y=x$-4 のグラフ

最後に,

$$60 \times (10 + 20) + 20x = 1920$$

を解いてみましょう. 方程式を整理すると,

$$1800 + 20x = 1920$$

となり, 右辺の定数項を左辺に移項すると

$$20x + 1800 - 1920 = 0$$

$$20x - 120 = 0$$

となり, 両辺を 20 で割ると

$$x - 6 = 0$$

となります. ここで,

$$y = x - 6$$

として, この1次関数をグラフに描くと, 次の**図2-11**のようになります.

このグラフから $y=0$ における x の値を見ると, $x=6$ であることが分かります. したがって, この方程式の解は

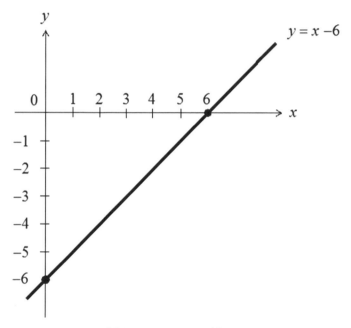

図 2-11　$y=x-6$ のグラフ

$$x=6$$

となります.

1次方程式の場合には, 方程式を変形していく段階で, 式が簡単になっていくため, 方程式を解くためにグラフを描く必要はほとんどありませんが, より複雑な2次方程式, 3次方程式や n 次方程式を解く場合には, グラフを描くだけで解くことができるため, この方法が有効となります. また, この方法を利用してプログラムで方程式を解く場合もあります.

第2章の練習問題

【問題1】 次の1次方程式を解きなさい.

    (1) $3x+5=8x-5$ (2) $7x+2=5x+6$

    (3) $-5(x+2)=3x-2$ (4) $2(4x-1)=3(x-4)$

    (5) $7(2x+6)=4(3x+11)$

【問題2】 次の文章題を解きなさい.

  A君とB君が同じタイミングで同じ道のりを歩き出しました. A君はB君よりも4 km先の地点から時速 $v_A = 4$ km/h で歩き出しました. B君はA君に追いつこうと時速 $v_B = 6$ km/h で早歩きをしました. この時, B君がA君に追いつくまでの時間は何時間でしょうか. また, その時, B君は何km歩くことになるでしょうか.

②次方程式

3.1 2次方程式を解くときに，なぜ迷子になるのか？

　方程式を解くことに慣れていない人たちは，いざ2次方程式を解こうと思った時に，「どのような方法を使って，どうやって解こうか？」と悩み，手が止まってしまうことが多いようです．これは方程式という森の中で，道を見失い，迷子になっているような状況です．

　2次方程式を解くためには，いくつの方法(道)があるので，悩むのも仕方ありません．どの方法で解くか決めてしまえば，後は機械的な操作で解を導くことができますが，その方法を選択するところ，つまり入口を探すことができないことが，迷子になってしまう原因であり，また多くの人が2次方程式を必要以上に難しく感じてしまう理由です．

　2次方程式は，次に述べるような手順に沿って，使える解法(作戦)を探すことで解くことができます．この本では具体的な解法を説明するた

めに，まず2次方程式を解くための解法（作戦）をどのようにして選ぶかについて説明し，あなたが式を見てもパニックにならず，また方程式を解く過程で道に迷うことがないように（迷子にならないように）したいと思います．

3.2　2次方程式を解くための作戦会議

　2次方程式を解く際に，最初に行うことは，どんな解法（作戦）で解くか？を考えることです．いきなり解の公式を使って解き始めるのではなく，式を遠くから眺め，式の形や法則性などから，どんな作戦を使うか，少し冷静に考える，いわば作戦会議を自分の頭の中で実行してみると良いと思います．その作戦が当たり，2次方程式を解くことができれば，あなたも2次方程式を解く面白さに気がつくかもしれません．

　2次方程式を解くための作戦を立てるにあたり，具体的には**図 3-1** に示したフローチャートに沿って，与えられた2次方程式に対して，どの作戦を使用して解を求めるかを検討します．このフローチャートは，いわば解を導くための道筋を示した地図のようなものです．初めに全体像を眺

3.2　2次方程式を解くための作戦会議

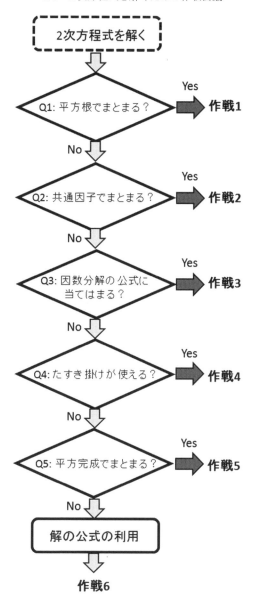

図 3-1　2次方程式を解くための作戦選択のフローチャート

めて，作戦の種類を大まかに理解した後に，フローチャートを上から順番に見てください．チャートの中にある言葉の意味については後で述べるので，ここでは 2 次方程式を解くための作戦は全部で 6 通りあることを知ってください．

　では，ここからそれぞれの作戦について，説明していくことにします．

3.3　作戦 1 ：平方根 (ルート) を使う

　2 次方程式を眺めた後に，最初に行うことは，与えられた 2 次方程式の中に，項がいくつかあるか確かめることです．方程式の中に項が 2 つしかない場合は，作戦 1 や次に述べる作戦 2 が使える可能性が非常に高いです．特に与えられた式が

$$(x が含まれている式)^2 - 定数 = 0$$

になっている場合，例えば

$$(x-2)^2 - 9 = 0$$

の形になっていれば，作戦 1 ：平方根を使う方法を採用し，次の 3 ステップで簡単に解を導くことができます．

●ステップ 1 ：未知数以外の項を移項する
$$(x-2)^2 = 9$$
●ステップ 2 ：平方根を計算 （±が付くことに注意）
$$x - 2 = \pm\sqrt{9}$$
$$= \pm 3$$
●ステップ 3 ：未知数以外の項を移項する
$$x = 2 \pm 3$$
$$= -1 \text{ または } 5$$

　以上のように，2 次方程式を見たときは，まずは作戦 1 で解けるかを

確かめてみて下さい.

　次に， このようにして解いた方程式の意味について説明します． ２次方程式を解く目的は， ある関数$f(x) = (x-2)^2 - 9$について， $f(x)$=0となるxの値を求めることでした． グラフに示すと分かりやすいので， グラフを作ってみましょう.

　与えられた方程式を， $y = (x-2)^2 - 9$ として,xに–2 から 6 までの数字を入れて計算してみると， 以下のような表にまとめることができます.

表 3-1

x	$y = (x\text{-}2)^2\text{-}9$
-2	7
-1	0
0	-5
1	-8
2	-9
3	-8
4	-5
5	0
6	7

　これをグラフにすると図 3-2 のようになります． 今回の２次方程式の解をまとめたグラフでは， １次方程式の時に書いた単純な右肩上がり，もしくは左肩上がりの直線でなく， 下に凸の曲線になりました． 確かにこのグラフにおいて, 2 次関数$f(x)= (x-2)^2 - 9$で, $f(x)$が 0 となる点は, 作戦１で求めた解である, −1 と 5 の点であることが分かります.

　２次方程式を解くということは, 関数$f(x)$の値が0になる点を探し出す作業と言えます.

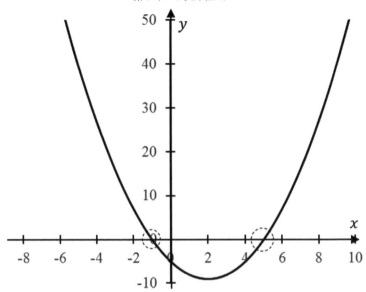

図 3-2　関数 $f(x)=(x\text{-}2)^2\text{-}9$ のグラフ

3.4　作戦 2：共通因数でくくる

　解くべき 2 次方程式の中の項が 2 つしかない場合で，作戦 1 に当てはまらない形の場合，次の作戦 2 が使えるかを確認します．具体的には，2 次方程式中に共通因数があるか確認します．例えば，与えられた 2 次方程式が次のような形の場合，共通因数でくくることで，解を簡単に導くことができます．

$$2x^2 - 3x = 0$$

●ステップ 1：共通因数でくくる

$$x(2x - 3) = 0$$

●ステップ 2：1 次方程式を解く（詳細は 1 次方程式の章を参照）

$$x(2x - 3) = 0$$

左辺を 0 にするため解のうち, 一つは $x = 0$ です.

一方, 左辺を 0 にするもう一つの解は, カッコの中が 0 でなければなりません。よって, $2x - 3 = 0$ の 1 次方程式が得られる. 定数を右辺に移項すると, $2x = 3$ となり, この 1 次方程式の解は, $x = \dfrac{3}{2}$ となります.

よって, 与えられた 2 次方程式の解は,

$$x = \quad 0, \quad \frac{3}{2}$$

となります.

このように, 2 次方程式中に項が 2 つの場合, 共通因数でくくることで, 2 次方程式を簡単な 1 次方程式の形にして解くことができます.

ここで解いた方程式の解の意味について, グラフで確認します. 図 3-3 に示したように, 関数 $f(x) = 2x^2 - 3x$ で, $f(x)=0$ となる点は 0 と 1.5 です.

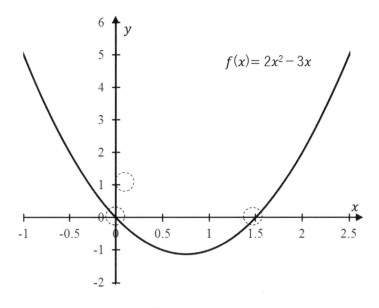

図 3-3 関数 $f(x) = 2x^2 - 3x$ のグラフ

このように, 2 次方程式を解くということは, 1 次方程式で説明したように, 関数 $f(x)$ の値が 0 になる点を探し出す作業と言えます.

3.5　作戦 3 : 因数分解の公式を使う

与えられた 2 次方程式の中に項が 3 つある場合は, 上で述べた作戦 1, 2 を使うことができません. その場合は, 次の作戦が適用できるか判断する必要があります. ここでは, 因数分解の公式を使うことを検討します.

3.5.1　因数分解の公式を利用する

2 次方程式を解く際に使う因数分解は, 次の 4 つの公式で表されます.

$$\text{公式 1: } x^2 - a^2 = (x + a)(x - a)$$

$$\text{公式 2: } \quad x^2 + 2ax + a^2 = (x + a)^2$$

$$\text{公式 3: } \quad x - 2ax + a^2 = (x - a)^2$$

$$\text{公式 4: } \quad x^2 + (a + b)x + ab$$
$$= (x + a)(x + b)$$

因数分解は 2 次方程式を解く際に, 強力な武器になりますが, すべての式を覚えることは大変ですし, 忘れることもあります. 実は, 2 次方程式を解く際に重要な因数分解の形は公式 4 だけで, 他の式は公式 4 を変形することで容易に導くことができます.

具体的には,

公式 4 の中で, b に $-a$ を代入すると, 公式 1 になりますし,

公式 4 の中で, b に a を代入すると, 公式 2 になりますし,

公式 4 の中で, a に $-a$, b に $-a$ を代入すると公式 3 になります.

3.5.2 どの公式を使うかを見極める方法

公式1については，よく見ると方程式中に項が 2 つしかないので，3.3 節で説明した通り，作戦1：平方根を使う作戦が利用できますので，この公式を覚えなくても2次方程式を解くことができます．

次に公式2,3の式を良く見ると，両式には似ている特徴があります．未知数xの 1 次の項の係数$2a, -2a$は，定数項の平方根の数：aの 2 倍$(2a)$もしくは-2倍$(-2a)$になります．

つまり，与えられた 2 次方程式の 1 次の項の係数が，定数項の平方根(a)の 2 倍$(2a)$もしくは-2倍$(-2a)$になっていれば，公式 2 もしくは公式 3 が使えます．

ですから，あなたは 2 次方程式を見たときに，3.3 節, 3.4 節で説明した作戦 1,2 を適用できないと思ったときには，次の試みとしてxの 1 次項の係数と定数項に着目して，公式 2,3 が使えるか，確かめてください．

例えば，次のような例題

$$x^2 - 6x + 9 = 0$$

の場合，xの 1 次の項である-6と，定数項である 9 に着目します．

xの 1 次の項の係数: -6 は-2×3 に分解でき, 定数項:9 の平方根は 3 であることがわかるので, 与えられた 2 次方程式は

$$x^2 - 2 \cdot 3x + 3^2 = 0$$

と変形できます. ここで, xの 1 次の項の係数が定数項の-2 倍になっているので, この場合は公式 3 が使えると判断できます.

$$(x - 3)^2 = 0$$

式を解くと

$$x = 3$$

となります.

　同じように, 次のような例題

$$x^2 + 4x + 4 = 0$$

であれば, 次のように変形ができて

$$x^2 + 2 \cdot 2x + 2^2 = 0$$

定数項の平方根 2 の 2 倍がxの 1 次の項になっていることから, 公式 2 が使えます. 式を解くと,

$$(x + 2)^2 = 0$$
$$x = -2$$

となります.

　ここで取り上げた 2 次方程式の解の意味については**図 3-4** に示します. これら 2 つの方程式は, 2 次方程式なのに, 解が一つしかありません. このような場合の解を, **重解**と言います. グラフから分かるように, 与えられた関数が 0 になる点がちょうどx軸に接している場合は, 方程式の解は重解をとります.

　これらに当てはまらない 2 次方程式の場合は, 次節で述べる公式 4 の適用を検討します.

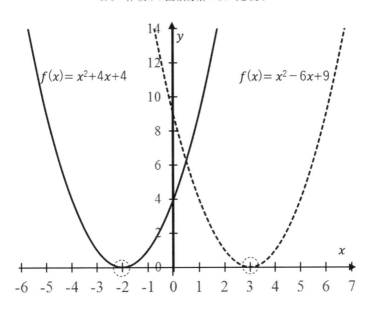

図 3-4　重解を持つ 2 次方程式のグラフ

3.5.3 和と積の関係

3.5.1 に述べたように，因数分解の公式 4 は次のように表せました．

$$x^2 + (a + b)x + ab = (x + a)(x + b)$$

与えられた 2 次方程式がこの公式に当てはめられるかを判断するためには，方程式の中にある「和と積の関係」を探し出せばよいのです．これは一種のクイズやパズルに近い感覚だと思います．

この公式 4 をじっくり見てみると，x の 1 次の項の係数と定数項には，次のような関係があります．

$$x の 1 次の項の係数 = a + b$$
因数分解時の a,b の和（足し算）の関係

$$定数項の = a \cdot b$$
因数分解時の a,b の積（掛け算）の関係

つまり，それぞれの項の数値を a, b の構成要素に分けられれば，この公式 4 を使えます．つまり，試行錯誤でこの因数分解の構成要素 a, b を探せばよいのです．

では，具体的に，次の例題で考えてみたいと思います．

$$x^2 + 6x + 8 = 0$$

この式を因数分解するには，第 2 項:→6 と第 3 項:→8 の中に隠れている構成要素 a, b を，和と積の関係から見つけ出す必要があります．

定数である第 3 項から見ていきましょう．この項については掛け算の関係から，$a \times b$ =8 になる a, b の組み合わせをいくつか探します．掛け算して 8 となる a, b の組み合わせは，a, b が整数の場合，1×8 と 2×4 の 2 通りしかありません．

次に第 2 項について考えます．この項については足し算の関係から，$a + b$ =6 になる a, b の組み合わせを探します．足し算して 6 となる組み合わせは，1+5, 2+4, 3+3 の 3 通りが考えられます．

掛け算の関係と足し算の関係から探し出した a, b の組み合わせのうち，両方の関係を満たしている組み合わせは，a, b=2 , 4 の時だけです．

よって，この 2 次方程式は

$$x^2 + 6x + 8 = (x + 2)(x + 4)$$

と因数分解できます．従って，与えられた 2 次方程式は，次のように変形できます．

$$x^2 + 6x + 8 = 0$$
$$(x + 2)(x + 4) = 0$$

この式は 1 次関数の掛け算になりますので，この 1 次方程式の解は，それぞれのカッコの中を 0 にする数値を見つけ出すことで得られます．この場合，与えられた 2 次方程式の解は

$$x = -2 , -4$$

となります．

解の意味については，次のグラフに示す通り，2次関数：$x^2 + 6x + 8$が0となる点が，今まさに求めた解である-2と-4であることが確かめられます．

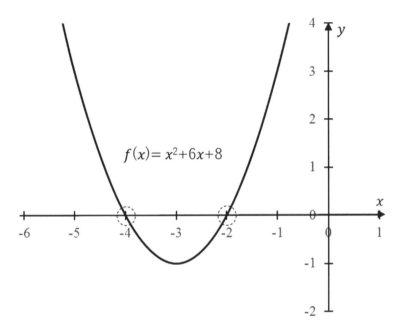

$f(x) = x^2+6x+8$

図 3-5　関数 $f(x) = x^2+6x+8$ のグラフ

以上のように，作戦1，2で解けない場合は，作戦3として，因数分解の利用を考えます．因数分解の適用の判断基準は，xの1次の項の係数と定数項の数値に着目することから始めます．

●ステップ1：　xの1次の項の係数が，定数項の平方根：aの2倍$(2a)$，もしくは-2倍$(-2a)$になっているか確認．
　　　　　　　　適用可能な場合は公式2，3を使う．

●**ステップ 2**:　1 次の項の係数に関しては，係数を分解した要素 a, b において和(足し算)の関係：$a + b$ にあるものを探し，定数項に関しては，分解した要素：a, b において，積(掛け算)の関係 $a \times b$ があるか確認.

適用可能な場合は公式 4 を使う.

　この 2 つのステップを確認することで，与えられた 2 次方程式が因数分解を利用して解くことができるかが判断できます. 2 次方程式は因数分解さえしてしまえば，あとは 1 次方程式を解く問題になるので，解を求めることは容易です.

3.5.4 解と係数の関係(公式 4 の証明)

　ここで，解と係数の関係について因数定理を使って考え，公式 4 を証明してみようと思います. 因数定理の証明は他の書籍に譲りますが，因数定理が示している内容は，多項式 $f(x)$ が $(x - \alpha)$ という因数を持つことの必要十分条件は，$f(\alpha) = 0$ が成り立つということです.

　この定理を一般化した 2 次方程式に適用してみます.

$\alpha x^2 + \beta x + \gamma = 0$の解が$x = a, b$ のとき, この 2 次方程式は二項定理により係数 K を用いると以下のように表すことができます.

$$\alpha x^2 + \beta x + \gamma = K(x - a)(x - b)$$

右辺を展開すると

$$右辺 = Kx^2 - K(a + b)x + Kab$$

となります.

左辺と右辺のそれぞれの次数の項を比較すると, 以下の関係が分かります.

$$\alpha = K, \qquad \beta = -K(a + b), \qquad \gamma = Kab$$

よって, 解(a, b)と係数(α, β, γ)の和と積の関係は

$$a + b = -\frac{\beta}{K} = -\frac{\beta}{\alpha} \quad , \qquad ab = \frac{\gamma}{K} = \frac{\gamma}{\alpha}$$

となります.

係数$\alpha = 1$の場合, $a + b = -\beta, \ ab = \gamma$となりますので, この関係を式で表すと以下のようになります.

$$x^2 - \beta x + \gamma = (x + a)(x + b)$$

ここで, 公式 4 は

$$x^2 + (a + b)x + ab = (x + a)(x + b)$$

でした. つまり公式 4 は因数定理を利用した解法と言えます.

ちなみに, 因数定理を用いると, 3 次方程式についても同様の方法で解と係数の関係を導くことができますが, 詳細は 3 次方程式の章で述べます.

3.6 作戦 4 : たすき掛けの方法を使う

作戦 3 まで駆使しながらも, それらの作戦の型に当てはまらない場合は, 次の因数分解の型にはまるか, 確認します.

$$acx^2 + (ad + bc)x + bd = (ax + b)(cx + d)$$

トピック 4 : 音符が「読める」ことと「弾けること」の違い

　この本では誌面の関係から，あくまで方程式を解いて解を得るための武器の使い方を述べるだけに留まりました。実際には，これらの武器の使い方を知っているだけでなく，使えるようにしないと意味はありません。楽器で例えるならば，音符が「読める」のとピアノが「弾ける」・トランペットが「吹ける」というのは別次元の話です。頭で分かっていても体が反射反応のごとく，自然と手が動いて方程式を立てて，解けるようにならないと，有用ではありません。

　そのためには，とにかく手を使って頭と体をリンクさせる必要があります。一流のプロ野球選手やサッカー選手が愚直に素振りやシュート練習をするのはそのためです。一流の選手ほど基礎的な練習を疎かにしないと言われています。数学も同じことが言える筈です。基礎的な事柄の反復練習なしに本当の意味での理解や運用は見られないと思います。これまでは，方程式の反復計算は，無味乾燥で，やる意欲や意義を感じなかったかもしれませんが，この本を読んで少しでも方程式の有用性や利便性，実際の自然現象とリンクしていることを理解いただければ，今まで嫌だった反復練習も少しは我慢して取り組めるようになるのではないでしょうか。

つまり，与えられた2次方程式の各項の係数について，それらを構成する *a,b,c,d* を求めることができれば因数分解して，2次方程式の解を求めることができます．

　この型に当てはまるかどうかは，次に説明する「**たすき掛け**」の方法を用いることで判断できます．たすき掛けは大きく分けて4つのステップ

図 3-6　たすき掛けの手順（最終形）

で各項の係数の構成要素である *a,b,c,d* を導き出します. **図 3-6** はたすき
掛けの検討の最終形を示しています. 全部で 4 つのステップでたすき掛
けを完成させます. 次の説明では, それぞれのステップ毎に, どのような
操作をしているかを説明します.

　では, 例題として, 次の 2 次方程式について考えてみましょう.

$$5x^2 - 11x + 2 = 0$$

　方程式の中に項が 2 つ以上あり, また各項を共通因数でくくることが
できないから, 作戦 1,2 は使えません. また, *x* の 2 次：x^2 の項に係数が
かかっていることから, 作戦 3 の因数分解の 4 つの公式は使えないこと
が分かります. よって作戦 4 である, たすき掛けを用いた因数分解が可
能かを確かめなければなりません.

●ステップ 1 ： 係数を抽出して書き出す

　図に示す通り, 与えられた 2 次方程式の中からそれぞれの係数を抽出
して書き出します. その際, x^2 の項 (2 次の項), 定数項, x^1 の項 (1 次の項)
の順番に書いて下さい.

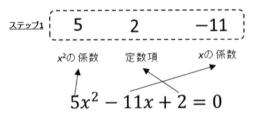

図 3-7　たすき掛け ステップ 1：係数の抽出

●ステップ 2 ： 掛け算によって x^2 の係数になる数字パターン ($a \times c$) を考える

　図 3-8 に示す通り, ステップ 2 では x^2 の係数になる数字のパターンを探
し出します. x^2 の係数は 5 ですから, 整数の掛け算の組み合わせで 5 にな

るパターンは 1 と 5 の組み合わせしかありません. そこで, 図 3-8 に示す,
1 と 5 を x^2 の係数 5 の上方に書き出します.

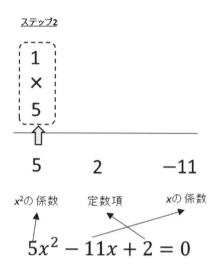

図 3-8　たすき掛け ステップ 2：x^2 の係数になる組み合わせの探索

●ステップ 3 ： 掛け算によって定数項となる数字のパターン ($b \times d$) を考
　　　　　　　える

　図 3-9 に示した通り, ステップ 3 では, 定数項の数値となる数字のパタ
ーン ($b \times d$) を探し出します. 定数項は 2 ですから, 整数の掛け算の組み合
わせで 2 になるのは, 1 と 2 の組み合わせしかありません.

　しかし, 現時点では 1 と 2 の組み合わせだけが 2 になることが分かりま
したが, どちらが b でどちらが d になるかは分かりません. つまり, 現在
は $b \times d$ の候補 1 として 1×2 (もしくは−1×−2) の組み合わせ, 候補 2 と
して 2×1 (もしくは−2×−1) の組み合わせがあると考えてください. 次
のステップでどちらの候補を採用するか決定します.

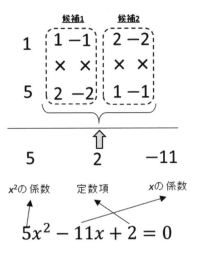

図 3-9　たすき掛け ステップ3: 定数項の数値になる組み合わせの探索

●ステップ4 ： たすき掛けによって x の係数になる数字のパターンを決
　　　　　める

　前ステップで候補として挙げた定数項の数値が 2 になるいくつかの組
み合わせの候補について，たすき掛けでの掛け算（図の対角要素同士の掛
け算），ならびにたすき掛け結果の足し算（図の右端の上下の足し算）を行
い，因数分解するための数値を探します．

　図 3-10 は定数項が 2 となる組み合わせの候補 1 ：1×2 のたすき掛け
結果です．この組み合わせの場合，符号がすべてマイナスの場合−1×−
2 も定数項が 2 となりますので，二つの可能性について調べます．
たすき掛けでの評価では，二つの手順で構成要素の数字を探索します．
最初の手順①は図の左側の対角要素同士の掛け算を行います．次に手順
②として，出てきた結果を図右端の操作のように，上下の係数の足し算
を行います．その結果が右側に示した x の項の係数となっていれば，この

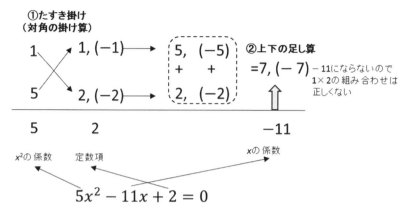

図 3-10　たすき掛けの結果（正しくない組み合わせ例）

組み合わせは正しいことになります.

　図 3-10 の場合, 右端に示したたすき掛けした結果の和が 7, もしくは−7 となるので, 本来の係数の値である−11 とは異なるから, 1×2 もしくは −1×−2 の組み合わせでは因数分解できないことが分かります.

　では, 次に定数項が 2 となる組み合わせの候補 2: 2×1（もしくは−2× −1）のたすき掛け結果について**図 3-11** に示します.

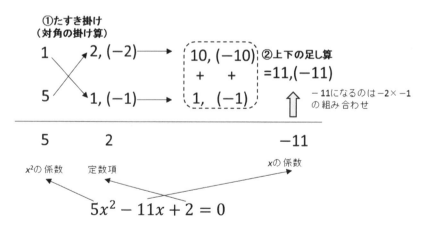

図 3-11　たすき掛けの結果（正しい組み合わせ例）

　図 3-11 の左端に示した数値に関して対角要素同士を掛け算し（手順①），その結果を右端に配置し，その結果の上下の足し算を（手順②）します．

　候補 2 の組み合わせ：2×1 もしくは-2×-1 のうち，図の右側に示した x の係数が-11 になる組み合わせは-2×-1 だけです．

　　　以上の結果をまとめると，正しい組み合わせのたすき掛けは，次のようになります．

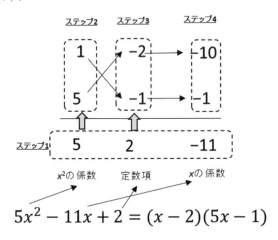

$$5x^2 - 11x + 2 = (x - 2)(5x - 1)$$

図 3-12　たすき掛けによる因数分解例

　因数分解することによって，2 次方程式は 1 次方程式の掛け算となるので，それぞれの部分の 1 次方程式を解くことで，最終的な 2 次方程式の解が得られます．

　この例題の 2 次方程式は，因数分解により

$$(x - 2)(5x - 1) = 0$$

の形に変形できるので，解は

$$x = 2, \quad \frac{1}{5} \ (= 0.2)$$

となります．

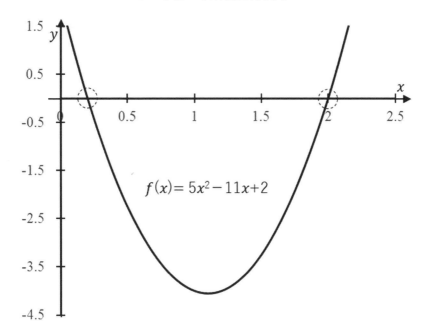

図 3-13　関数 $f(x)= 5x^2-11x+2$ のグラフ

　グラフで解の意味を確かめると，次のようになります．2 次関数の値が 0 になる点が，2 次方程式の解であることを確かめてください．

3.7　作戦 5：平方完成を利用する

　2 次方程式は次の節で説明する解の公式を使うと，解くことができるのですが，解の公式は計算量が多く時間がかかります．これまでの作戦 1 から 4 で解いた問題は，実は解の公式を使っても解けます．解の公式を使わず，わざわざ作戦 1 〜 4 を使った理由は，複雑な計算をすることなく，2 次方程式を効率的に解くためでした．

　この節では，作戦 1〜4 で解けなかった場合でも，少し工夫することで，解の公式を使わずに解を求めることができる方法を紹介します．具体的には，2 次方程式を解く際に使う因数分解の公式のうち

$$公式2:\quad x^2 + 2ax + a^2 = (x + a)^2$$
$$公式3:\quad x - 2ax + a^2 = (x - a)^2$$

の式の形を利用します.

　これらの式は, $(x + a)$もしくは$(x - a)$の平方（2乗）になっていることが分かります. 与えられた式や数が, 何らかの式や数の平方（2乗）になっている形を「**完全平方**」と言います. そして, 何らかの工夫で, 式を完全平方の形にする操作を「**平方完成**」と言います.

　それでは, 平方完成の操作について説明しましょう. 例題として次の2次方程式を考えます.

$$x^2 - 2x - 6 = 0$$

この式をよく見ると, 第2項までは因数分解の公式3と同じです. 仮に, 第3項の定数項が+1 であれば, 因数分解が使えるのに, 非常に惜しい・・・と思うかもしれません.

　等式には右辺と左辺に, 同じ数値を足しても引いても, 掛けても割ってもよいという性質がありました. この性質を利用して両辺に 1 を足して, この式を次のように変形します.

両辺に同じ数を足しても等式の関係は変わらない

$$x^2 - 2x \boxed{+1} - 6 = \boxed{1}$$

$$(x - 1)^2$$

　このように, 式の第3項までを見ると, 実は$(x - 1)^2$に因数分解できる形になります. この式を書き直すと

$$(x - 1)^2 - 7 = 0$$

となります.

　この形になると, 実は最初の作戦 1：平方根でまとめる, が使えるようになります. 具体的には, 次のステップで解を求めることができます.

●ステップ 1：未知数以外の項を移項.
$$(x - 1)^2 = 7$$
●ステップ 2：平方根を計算（±が付くことに注意, プラス・マイナスと読む）.
$$x - 1 = \pm\sqrt{7}$$
●ステップ 3：未知数以外を移項.
$$x = 1 \pm \sqrt{7}$$

　このように, 方程式にちょっとした工夫をすることで, 解の公式のような難しい式を計算しなくても解を導き出すことができます. 繰り返し

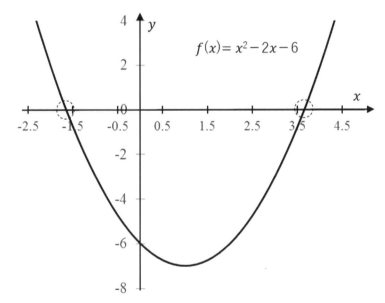

図 3-14　関数　$f(x) = x^2 - 2x - 6$ のグラフ

トピック 5：関数なんて役に立つのか？（はりのたわみ）

　学校で習った数学なんて社会に出て一度も使ったことがない，という人は多いと思います．本当にそうでしょうか？お父さんだって，ゴルフの練習に行けば，この距離は〇番アイアンなどと言っていますし，お母さんだって，ごはんをおいしく焚くには，4 合だったらお水はこの量なんて，何らかの関係性を見いだそうとしているのではないでしょうか．

　何らかの関係性を見いだす，ことは関数を見つけることに他なりません．恐らくプロと呼ばれる人は，その関係性が自分の中で定式化できているのでしょう．プロゴルファーなら，クラブで距離を打ち分けられるでしょうし，料理人ならレシピという形で実現しているように思います．

　3 次関数は第 4 章で登場してきますが，3 次関数なんて社会で見たこともない，という人のために「はりのたわみ」と呼ばれる問題を挙げてみます．はり（金属板）に力を加えると，材料力学の教えるところでは，たわみ（変形量）z は，はりの長さ l の 3 次関数になります．

$$z = \frac{F}{3EI} l^3$$

ここで，E はヤング率，I は断面二次モーメントで，材料や形状で決まります．今からでも勉強しようという方は，材料力学の教科書を紐解いてください．

　金属板を一般的な鋼として $E = 200 \times 10^9$ Pa，断面を 20 mm×1 mm とすると，$I = (2/3) \times 10^{-9}$ mm^4 と算出され，はりの長さが 1 m，加える力を 1 N とすると，以下の値が得られます．

$$z = \frac{1}{3 \times 200 \times 10^9 \times (2/3) \times 10^{-9}} \cdot 1^3 = 0.25 \ \text{mm}$$

たわみは，はりの長さの 3 次関数ですから，はりの長さが 2 倍の 2 m になれば，たわみは $2^3 = 8$ 倍の 2 mm となります．

　この例では，仕様を与えて変形量を計算しましたが，実際に設計する場合は，変形量はこのくらいに抑える必要があるから，板の幅とか厚さはこのくらい必要である，となる訳です．多少なりとも関数が役にたったでしょうか．

になりますが，このように方程式中の定数を工夫して与えられた式の形を2乗(平方)の形(完全平方の形)にする操作を「**平方完成**」と言います．

解の意味は，**図 3-14** に示したグラフの通り，解は与えられた2次関数が0となる点を示しています．

3.8 作戦6：解の公式(最後の手段)

問題の中には，作戦 1～5 をうまく適用できないケースが多々あります．そのような場合，解の公式と呼ばれる式を使うことで 2 次方程式の解を求めることができます．解の公式は3.7節で説明した平方完成を使って導けます．

2次方程式を一般的な形で表すと，次のように書けます．

$$ax^2 + bx + c = 0$$

ここで，a, b, cは定数です．2次の項の係数:aで式全体を割ると，上式は次のようになります．

$$x^2 + \frac{b}{a}x + \frac{c}{a} = 0$$

次に第2項に着目し，この形を活かして平方完成するために，第2項の係数: $\frac{b}{a}$を 1/2 し，さらにその数を2乗した項 : $\left(\frac{b}{2a}\right)^2$を両辺に加えると，次のように書けます．

$$x^2 + \frac{b}{a}x + \left(\frac{b}{2a}\right)^2 + \frac{c}{a} = \left(\frac{b}{2a}\right)^2$$

平方完成した後の式の形は，次のようになります．

$$\left(x + \frac{b}{2a}\right)^2 = \left(\frac{b}{2a}\right)^2 - \frac{c}{a}$$

$$\left(x + \frac{b}{2a}\right)^2 = \frac{b^2 - 4ac}{4a^2}$$

よって，この 2 次方程式の解は，次のように表すことができます.

$$x + \frac{b}{2a} = \pm \frac{\sqrt{b^2 - 4ac}}{2a}$$

$$x = -\frac{b}{2a} \pm \frac{\sqrt{b^2 - 4ac}}{2a}$$

$$= \frac{-b \pm \sqrt{b^2 - 4ac}}{2a}$$

この式を**解の公式**と呼んでいます. ただし, この式は, *a,b,c* の大きさにより, √ の中が負の値(−)になる可能性があります. √ の中が負の値を持つ場合, この 2 次方程式は実数(整数や小数で表せる数)の解を持ちません (その意味については次節で説明します).

　与えられた 2 次方程式が実数の解を持つかどうか判別するには, √ の中の数字が正の値か負の値かで判断する, **判別式**と呼ばれる式を使います.

　判別式は

$$D = b^2 - 4ac$$

で定義します. ここで,

　　　　D>0 の時, 解は異なる 2 つの実数解を持ちます.

　　　　D=0 の時, 解は 1 つの実数解を持ちます(重解を持つ).

　　　　D<0 の時, 解は異なる 2 つの虚数解(実数解を持ちません)

　　　※　虚数については次節で説明します

では, 例題で考えてみます. 2 次方程式が次のように与えられたとします.

$$x^2 - 2x - 6 = 0$$

判別式を計算すると

$$\begin{aligned} D &= b^2 - 4ac \\ &= (-2)^2 - 4 \cdot 1 \cdot (-6) \\ &= 28 \end{aligned}$$

$D > 0$ なので, この 2 次方程式は実数解を持つことが分かります.

解の公式に 2 次方程式の各項の係数や定数を代入して計算すると, 次のような解が得られます.

$$\begin{aligned} x &= \frac{-b \pm \sqrt{b^2 - 4ac}}{2a} \\ &= \frac{2 \pm \sqrt{28}}{2} \\ &= \frac{2 \pm 2\sqrt{7}}{2} \\ &= 1 \pm \sqrt{7} \end{aligned}$$

この例題は, 実は前節の作戦 5:平方完成を利用する, で解いたものと同じです.

解の公式の計算量と平方完成の計算量を比べると, 平方完成の方が簡単であることが分かります.

3.9 実数解を持たないことの意味

前節において, 判別式の値が 0 よりも小さい(つまり, 負の値を持つ)場合は, 実数解を持たないと説明しました. この意味について, グラフを使って説明します.

ここでは, 次の 3 つの 2 次方程式を例題として取り上げます.

ここでは, 次の 3 つの 2 次方程式を例題として取り上げます.

$$\boldsymbol{D > 0} \text{ の例} \quad x^2 - 2x - 3 = 0,$$
$$\text{(判別式}: D = (-2)^2 - 4 \cdot (-3) = 4 + 12 = 18)$$

$$\boldsymbol{D = 0} \text{ の例} \quad x^2 - 2x + 1 = 0$$
$$\text{(判別式}: D = (-2)^2 - 4 = 0)$$

$$\boldsymbol{D < 0} \text{ の例} \quad x^2 - 2x + 3 = 0$$
$$\text{(判別式}: D = (-2)^2 - 4 \cdot 3 = 4 - 12 = -8)$$

それぞれの方程式の 2 次関数のグラフを **図 3-15** に示します.

判別式 : D>0 の場合, これまでの例題のように, 関数 $f(x) = x^2 - 2x - 3$ の値が 0 になる解が 2 個 ($x = -1, 3$) あることがグラフから分かります.

判別式 : D=0 の場合, 関数 $f(x) = x^2 - 2x + 1$ の値が 0 になる点は 1 点 ($x = 1$) で, 重解を持つことが分かります.

一方, 判別式 : D<0 の場合, 関数 $f(x) = x^2 - 2x + 3$ の値が 0 になる点はグラフ上には存在しないことが分かります. つまり, 判別式 D が負の数を持つ場合, この 2 次方程式は実数解を持たないことになります.

ところで, $\sqrt{\ }$ の中が負の値を持つ場合, この数値を数学的には「**虚数**」と言い, 虚数を含む数を「**複素数**」と言います. 言い換えると, 虚数とは 2 乗すると -1 になる数のことを言います.

この本では虚数について詳細に説明することはしませんが, 工学の分野では, 振動や流動現象の表現において虚数を含む複素数の表現が用いられます.

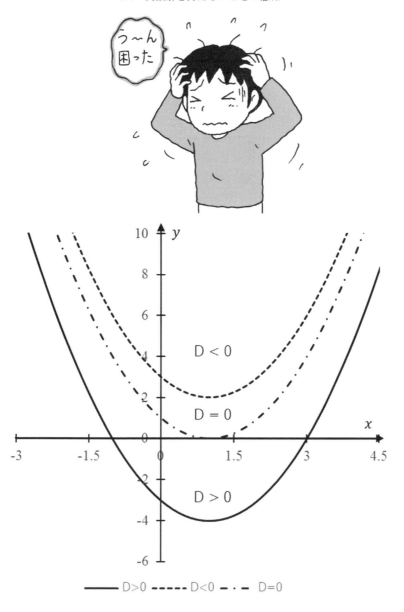

図 3-15　判別式の数値のグラフ上での意味

トピック6：複素数を用いることの便利さ

　解の公式の説明のところで，虚数や複素数について少し触れましたが，なぜこのような面倒な概念が必要かについて簡単に述べます。複素数は以下のように実部と虚部に分けて表すことができます。

$$z = x + iy$$

　縦軸に虚軸：Im，横軸に実軸:Re をとってグラフ化すると，次のようなグラフになります（この平面を**ガウス平面**といいます）。

　複素数の便利な使い方の一つとして，平面での座標表示があります。例えば，座標点 (3, 2) を数式で表すと，複素数で$z = 3 + 2i$と表すことができます。また，複素数のもう一つの便利な使い方を紹介しますと，回転の取り扱いが容易になることが挙げられます。虚数の定義は，$i \times i = -1$でした。元の数：$z = 3 + 2i$ に i を掛けると，$z = -2 + 3i$となります。これを図で確認すると，元の点が90°回転したこと位置になっていることが分かります。

つまりの元の複素数に i を掛けると，元の座標点を90°回転させることができます。この他にも，複素数同士の加減乗除の計算は，ベクトル（大きさと方向を持つ量）の計算としても使うことができます。

以上のように，一見複雑で難しい複素数の概念ですが，工学や物理の分野では非常に使い勝手の良い概念なのです。自転車は便利なツールですが，操るためには少々面倒くさい訓練，時には転んでけがをする可能性もあります。複素数も自転車の操作と同様に，便利な概念ですが，使うためには少々慣れが必要なようです。ただし複素数をはじめて勉強するには，自転車のように転んでケガをするリスクもありませんので，積極的に訓練してスキルを身に着けると良いでしょう。

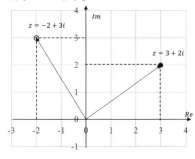

複素平面（ガウス平面）

第3章の練習問題

【問題1】 次の2次方程式を解きなさい.

(1) $x^2 - 9 = 0$ (2) $x^2 - 8x = 0$

(3) $x^2 - 4x + 4 = 0$ (4) $x^2 - 2x - 3 = 0$

(5) $3x^2 + 5x - 2 = 0$ (6) $x^2 + 6x - 1 = 0$

(7) $2x^2 + 6x + 2 = 0$ (8) $x(x+1) = (x+1)(2x-1)$

【問題2】 xについての2次方程式, $x^2 + 4x + C$が解を1つだけ持つ(重解)とき,Cの値とその解を求めなさい.

【問題3】 次の2次方程式を解いて, グラフを示しなさい.
$$\sqrt{2}x^2 - \sqrt{2}x - 6\sqrt{2} = 0$$

【問題4】 次の2次方程式を解きなさい.
$$(x+1)^2 + 5(x+1) - 24 = 0$$

【問題5】 (物理現象との関係) 次の問いに答えなさい

物体の鉛直方向の投げ上げについては, 鉛直上向き方向を正の向きと定義すると, 投げ上げ点からの位置[m]をy, 初速度[m/s] v_0, 初速度[m/s] v, 経過時間[s] xとすると, 以下のような関係が成り立つことが知られている.

速度　$v = v_0 - gx$　（時間に関する1次方程式）

変位　$y = v_0 x - \frac{1}{2}gx^2$　（時間に関する2次方程式）

$g(=9.8)$は重力加速度$[m/s^2]$で，常に下向きにかかっています.

ここで問題です. 野球のボールを $24.5\ m/s$ の初速度(v_0)で鉛直(真上)に投げ上げました. 上述の速度と変位の関係を参考にして，以下の問に答えなさい.

(1) ボールが最高到点に到達する時間は，投げ上げの何秒後か?

(2) ボールの最高到達点の高さは何mか?

(3) もとの位置までボールが戻るのは何秒後か?

トピック７：虚数について（侮辱は恐れの裏返し？）

虚数とは，２乗すると負の値になる数のことを言います. どんな実数も２乗すると正になるため，かの有名な数学者デカルトも虚数を信じることに躊躇し，終には，虚数という用語(imaginary number)を用いて侮辱していたといいます[注].

同じような概念に，ゼロの概念があります. ゼロも昔の数学者の間では困った存在だったようで，数字の記載などでは，現在の概念ではゼロとして記載されるべき部分に空欄にするなどの取り扱いだったようです[注].

当時，これら不都合な概念や事実を最初に受け入れるには勇気がいったことでしょう. 虚数の概念を侮辱していたデカルトも，実は心のどこかではこの虚数という概念がもしかしたら有用なのでは？と気づいていたのかもしれません. いわば，侮辱は恐れの裏返しだったのでしょう. 自分が知らないという事実，間違えていると事実を認めることは辛いものであり，また勇気がいることです. しかし，そこがすべての始まりなので，私たちは勇気をもって不都合な真実を受け入れられるようになりたいものです.

注：クリフォード・ピックオーバー著, ビジュアル数学全史, 岩波書店, 2017

4.1　3次関数や3次方程式ってな何だ?

　最後に，3 次方程式について説明します．ここまで読んでくると予想される通り，3 次関数は 3 次の項をもつ関数です．そして，3 次方程式は 3 次の項をもつ方程式で，基本的に解は 3 つあります．

　まず，はじめに，3 次関数がどのような場面で使われているかを説明して行きます．

　日常生活において 3 次関数で表される具体的な例としては，立体の体積が挙げられます．

・球の体積は，半径(または直径)の長さの 3 乗に比例し，

$$球の体積＝\frac{4}{3}\pi r^3 = \frac{4}{3}\pi \left(\frac{d}{2}\right)^2 = \frac{1}{6}\pi d^3$$

から求めることができます．ここで，r は球の半径，d は球の直径を表しています．この式から，球の体積は球の半径 r や球の直径 d を変数として，この変数の 3 乗に比例していることがわかります．

・立方体の体積は，一辺の長さ a の 3 乗に比例し，

$$立方体の体積＝a^3$$

から求めることができます．ここで，a は立方体の辺の長さを表しています．この式から，立方体の体積は辺の長さ a を変数として，この変数の 3 乗に比例していることがわかります．

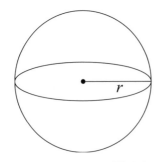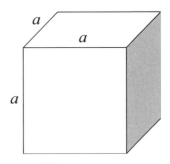

図 4-1　球の体積と立方体の体積

　立体の体積が 3 乗に比例することから，実はその物体の質量も 3 乗に比例しています．なぜなら，物体の質量は，（体積）×（物体の密度）から求められるからです．なんとなく，大きさ（半径や辺の長さ）が 2 倍になったら，質量も 2 倍になる，と直感的には感じてしまいますが，きちんと体積まで考えると，大きさ（半径や辺の長さ）が 2 倍になると，体積は

$$(2) \times (2) \times (2) \ = \ (2)^3 = 8$$

となり，質量も 8 倍となります．

　商人にとって金儲けをするためには，商品に見合った金額を適切につけることが求められます．例えば，野菜，お肉，魚介類等の食料品はその物の大きさや重さ（量）を基準に価格が設定されます（もちろん鮮度などの質も関係しますが，ここでは考慮していません）．この時，単純にある一つの長さ（例えば，魚の全長）を測っただけではダメで，胴回りの長さなども測り，体積として，その物の大きさを理解することが必要だと思います．

　半径の長さや辺の長さから立体の体積を求める場合には，3 次関数を用いて体積を求めることになります．その逆に，立体の体積から半径の長さや辺の長さを求める場合には，3 次方程式を解くことになります．

図 4-2　値段の決め方

4.2　3 次関数の分類

はじめに，3 次関数を分類してみます．3 次関数の分類ができ，グラフ
と解の関係が理解できていれば，3 次方程式を解く手助けとなるでしょ
う．

3 次関数の具体的な形としては次の 4 つに分類されます．ここでは，
話を簡単にするため 3 次の項の係数は 1 としています．

 A) $y = (x-\alpha)^3$ ：3 重解を持つ．

 B) $y = (x-\alpha)(x-\beta)^2$ ：1 つの実数解と重解を持つ．

 C) $y = (x-\alpha)(x^2+mx+n) = (x-\alpha)(x-(\nu + iw))(x-(\nu - iw))$

      ：1 つの実数解と共役複素数解を持つ．

 D) $y = (x-\alpha)(x-\beta)(x-\gamma)$ ：3 つの実数解を持つ．

では，それぞれの 3 次関数の形状を具体例で見ていきましょう．

 A) $y = (x-\alpha)^3$ ：3 重解を持つ場合

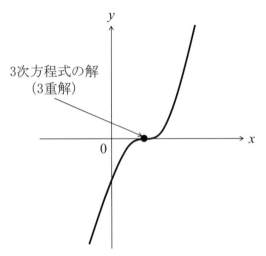

図 4-3　3 重解となる時の 3 次関数グラフ

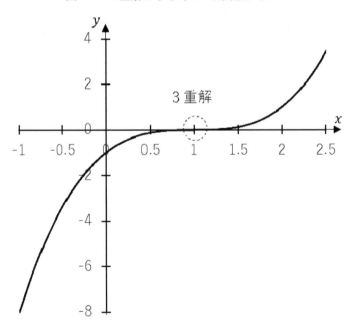

図 4-4　$f(x)=(x-1)^3$ のグラフ（3 重解を持つ）

この形となる具体的な関数として，以下の3次関数が考えらます．

$$y = (x-1)^3$$

この関数について，x を適宜変えて計算した値をグラフにすると，次のようになります．y が 0 になる点は $x=1$ ただ一つ（3重解）であることが図 4-4 のグラフから確認できます．

B)　　$y = (x-\alpha)(x-\beta)^2$　：1つの実数解と重解を持つ場合

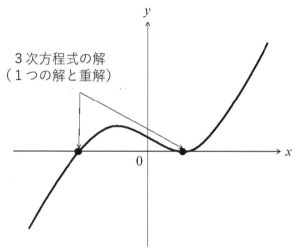

図 4-5　1つの実数解と重解となる時の3次関数グラフ

次にこの形となる具体的な関数として，以下の3次関数が考えられます．

$$y = (x+2)^2(x-1)$$

この関数について，x の値を適宜変えて計算した値をグラフに表すと，図 4-6 のようになります．

グラフから分かるように，$y=0$ となる点は，$x=-2$（重解）および $x=1$ です．

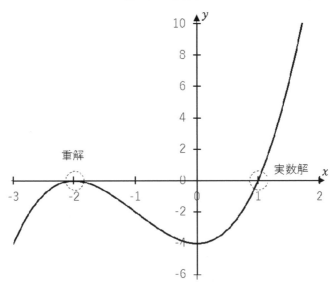

図 4-6　関数 *f(x)*= (x+2)²(x-1)のグラフ（1 つの実数解と重解を持つ）

C)　　$y= (x–\alpha)(x^2+mx+n)= (x–\alpha)(x –(v + iw))(x –(v - iw))$
　　　　：1 つの実数解と共役複素数解を持つ場合

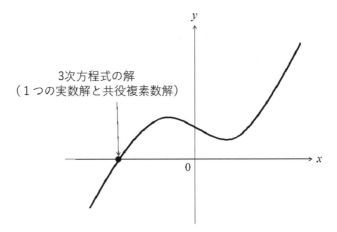

図 4-7　1 つの実数解と共役複素数解となる時の 3 次関数グラフ

このような形になる3次方程式としては，具体的に以下のような関数を定義します．

$$y= (x+1)(x^2-4x+5)= (x+1)(x+(-2+i))(x+(-2-i))$$

この関数に関して，グラフを描くと**図4-8**のような形になります．

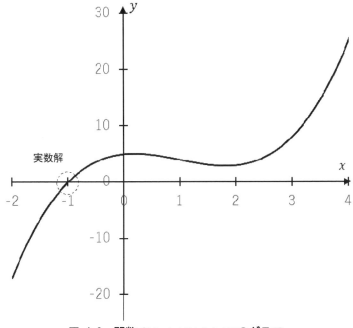

図 4-8　**関数 $f(x)= (x+1)(x^2-4x+5)$のグラフ**

（1 つの実数解と共益複素数解を持つ）

D)　$y= (x-\alpha)(x-\beta)(x-\gamma)$　：3つの実数解を場合

具体的な関数として，以下のような3次関数が考えられれます．

$$y= x(x+1)(x-1)$$

この関数に関して，x を適宜変化させてグラフを描くと，**図4-10**のようになります．

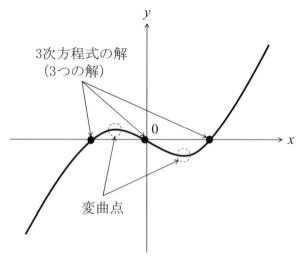

図 4-9　3 つの実数解となる時の 3 次関数グラフ

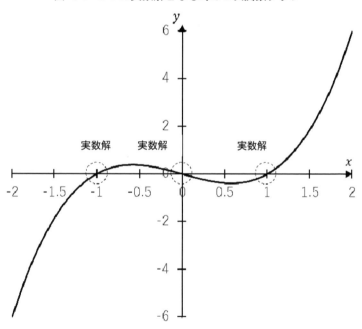

図 4-10　関数　$f(x)=x(x+1)(x-1)$ のグラフ(3 つの実数解を持つ)

4.3　3次方程式の解

第2章の1次関数でも説明しましたが，1次方程式の解を求めることは，$y=0$ となる x を求めることに他なりません．x の3次の項を含む3次方程式では，基本的には $y=0$ となる x が3つあることになります．このことは先の3次関数の分類 D)，3つの実数解(例では，$x=0, -1, 1$)を見れば直観的にも理解できるでしょう．

4.3.1　因数定理

さて，4.2節で述べたように，3次方程式は1次方程式と2次方程式が結合された形を取ります．ですから，1つの実数解が得られれば，あとは2次方程式を解く問題に帰着できるという訳です．

ここでは，**因数定理**と呼ばれる1つの実数解を得るシンプルな方法を紹介しましょう．

因数定理は，

$$\text{関数 } f(x) \text{ が}(x-\alpha)\text{で割り切れる} \iff f(\alpha)=0$$

という因数分解をする上で，とても役に立つ定理です．

この定理の証明は他の参考書にお任せしますが，ある関数 $f(x)$ が$(x-\alpha)$で割り切れる場合，$x=\alpha$を関数 $f(x)$ に代入した時，その値 $f(\alpha)$ が0になるというものです．また，その逆で，$x=\alpha$を関数 $f(x)$ に代入し，その値 $f(\alpha)$ が0になる時，関数 $f(x)$ は$(x-\alpha)$で割り切れるというものです．特に，因数分解を考える場合には，$f(\alpha)=0$ となる x を見つけることが大切です．

文章の説明だけでは，なかなか理解しにくいので，具体的な例で説明します．次のような3次関数を考えてみましょう．

$$f(x)=x^3+2x^2-x-2$$

この関数の x にどんな数を代入すると，この関数の値が0になるでしょうか．例えば，$x=1$ を考えてみましょう．

$$f(1)=1^3+2\cdot1^2-1-2$$

$$=1+2-1-2$$
$$=0$$

$f(1)$が0になりましたので，関数$f(x)$は$(x-1)$で割り切れるということになります．割り切れるということは，元々の関数$f(x)$は次のように分解できます．

$$f(x)=x^3+2x^2-x-2$$
$$=(x-1)(\text{なんらかの2次関数})$$

3次関数ですから，この関数が0となるxは残り2つあるはずです．この2つを見つけることは，2次方程式を解くことに他なりません．「なんらかの2次関数」の求め方は次の節で説明します．

4.3.2 関数の割り算

前の例の続き

$$f(x)=x^3+2x^2-x-2$$

を考えていきましょう．

$(x-1)$で割り切れるということが分かり，

$$f(x)=x^3+2x^2-x-2$$
$$=(x-1)(\text{なんらかの2次関数})$$

という形まで来ています．ここでの「なんらかの2次関数」を求めてきます．関数x^3+2x^2-x-2が$(x-1)$で割り切れるということなので，実際に割り算をしてみましょう．

関数の割り算でのポイントは，xの高い次数から計算していくことです．この割り算から商がx^2+3x+2ということがわかり，「なんらかの2次関数」もわかりました．

$$\begin{array}{r} x^2+3x+2 \\ x-1 \overline{)\, x^3+2x^2-x-2} \\ \underline{x^3-\;\;x^2} \\ 3x^2-x \\ \underline{3x^2-3x} \\ 2x-2 \\ \underline{2x-2} \\ 0 \end{array}$$

したがって,

$$f(x)=x^3+2x^2-x-2$$
$$=(x-1)(x^2+3x+2)$$

となります.

　関数の割り算の他に, もう1つ「なんらかの2次関数」を求める方法があります. それは, 関数の係数を比較して, その係数を求める方法です. 同じ例題で考えてみましょう.

$$f(x)=x^3+2x^2-x-2$$
$$=(x-1)(なんらかの2次関数)$$

　なんらかの2次関数の部分を

$$px^2+qx+r$$

として

$$(x-1)(px^2+qx+r)$$

を展開すると,

$$=px^3+qx^2+rx-qx^2-qx-r$$
$$=px^3+(q-p)x^2+(r-q)x-r$$

となります.

もともとの3次関数が

$$x^3+2x^2-x-2$$

でしたので，各項の係数を比較すると，

$$p=1$$

$$q-p=2$$

$$r-q=-1$$

$$-r=-2$$

という連立方程式が得られます．これを解くと，

$$p=1,\ q=3,\ r=2$$

となり，

$$f(x)=x^3+2x^2-x-2$$
$$=(x-1)(px^2+qx+r)$$
$$=(x-1)(x^2+3x+2)$$

と求めることもできます．

4.3.3　3次方程式を解く手順

以上で述べたことをまとめると，3次方程式に因数が見出せる場合は，次のような手順で解く方法が一般的です．

1. 与えられている3次関数が0となるxを求め，その値をαとする．
2. 与えられている3次関数を$(x-\alpha)$で割る．
3. 与えられている3次関数を$(x-\alpha)(px^2+qx+r)$の形で表現する．
4. 2次関数(px^2+qx+r)が因数分解できる場合には，

$(x-\alpha)(x-\beta)(x-\gamma)$の形で表現する．

4.1 節で述べた球の体積が $\frac{32}{3}\pi$ であったとすると，半径はどのように求められるでしょうか？

$$\frac{32}{3}\pi = \frac{4}{3}\pi r^3$$

$$r^3 = 8$$

ですから，3 乗して 8 になる半径 r が解となります．r の 1 つの実数解が 2 となることは容易に分かるので，$(r-2)$ で割ると

$$r^3 - 8 = (r-2)(r^2 + 2r + 4) = 0$$

と表現でき，$r = 2, -1+\sqrt{3}i, -1-\sqrt{3}i$ が得られます．

　この問題は，3 次関数の分類でいうと C)，1 つの実数解と共役複素数解の形となります．

4.4　3 次方程式の解と係数の関係

　ここまで，3 次方程式を解くために因数を用いる方法を考えてきました．では，因数が見いだせない場合はどうすればよいでしょうか？この場合は「**カルダノ法**」と呼ばれる，3 次方程式の解の公式があります．しかし，複雑な公式となるため本書では扱いません．

　それでは，因数が見つけられそうもない場合は，全く打つ手はないのかというと，そうでもありません．ここでは，因数を見つけるヒントとなる 3 次方程式の解と係数の関係について紹介します．

　3 次方程式を次の形として，
$$x^3 + ax^2 + bx + c = 0$$
この解を α, β, γ と置くと，次の関係が成り立ちます．

$$x^3 + ax^2 + bx + c = (x - \alpha)(x - \beta)(x - \gamma)$$

$$= \{x^2 - (\alpha + \beta)x + \alpha\beta\}(x - \gamma)$$

$$= x^3 - (\alpha + \beta)x^2 + \alpha\beta x - x^2\gamma$$

$$+ (\alpha + \beta)\gamma - \alpha\beta\gamma$$

$$= x^3 - (\alpha + \beta + \gamma)x^2$$

$$+ (\alpha\beta + \beta\gamma + \gamma\beta)x - \alpha\beta\gamma$$

これより，次の関係が得られます．

$$a = -(\alpha + \beta + \gamma)$$

$$b = \alpha\beta + \beta\gamma + \gamma\beta$$

$$c = -\alpha\beta\gamma$$

　勘の良い方は，分かったのではないでしょうか？

　次の3次方程式を考えてみましょう．

$$x^3 - 5x^2 - 9x + 45 = 0$$

　因数定理を使うときは，たいていは小さい数字，0とか1から代入してみると思います．しかし，この例では0も±1も因数になりません．ここで，解と係数の関係を思い出すと，

$$c = -\alpha\beta\gamma$$

ですから，

$$45 = -\alpha\beta\gamma$$

これより，少なくとも因数の1つは負で，3つの解をかけて45にならなければなりません．こう考えると，±3，±5，±9あたりが候補になってきます．実際に3を代入してみると，

$$f(3) = 3^3 - 5 \cdot 3^2 - 9 \cdot 3 + 45$$

$$=27-45-27+45=0$$

となり，3が因数となることが分かります．あとは手順に従い，

$$f(x)=(x-3)(x^2-2x-15)$$
$$=(x-3)(x+3)(x-5)$$

と計算を進めれば，$x=3$，-3，5を求めることができます．

　もちろん因数は整数に限りませんから，例題のようにいつも上手くいくとは限りません．しかし，解をチェックする上でも，解と係数の関係を知っておいて損はないでしょう．

トピック8：逐次二分法から思うこと
（失敗をしなかった≠成功した？）

　今回紹介したような手計算で方程式が解けない場合，コンピューターなどを使って方程式を解きます．数値的に方程式を解く方法の一つに，**逐次二分法**という，解を挟み撃ちして求めていく方法があります．この方法では，最初に大きく範囲を振って，解を内包する範囲を設定することが重要です．我々の社会生活の中で試行錯誤をする際に重要なことは，試行錯誤の範囲の中に解（答え）があるかどうか早く見極めることです．そのためには逐次二分法と同様に，大胆に試行錯誤の条件を振って，両極端の失敗をあえてすることが効果的な場合もあります．あえて極端な失敗をするには勇気が必要ですが，結果としてその失敗をすることで解の範囲の上・下限を見極めることができるのです．「失敗をしなかったことは成功ではなく，チャレンジしなかったということ」であり，チャレンジして失敗することが，自分自身の引き出しを増やし，またそれらの経験がゴールへの近道になることは，チャレンジをしたことがある人しか分からないことなのかもしれません。

第4章の練習問題

【問題1】 次の3次方程式を解きなさい

    (1) $x^3-6x^2+11x-6=0$ (2) $x^3+5x^2-4x-20=0$

    (3) $x^3+6x^2+12x+8=0$ (4) $x^3+2x^2+2x+1=0$

    (5) $x^3-6x^2-15x+100=0$

【問題2】 $x^3+3x^2+3x+1=0$ の解を α, β, γ とした時の $\alpha^2+\beta^2+\gamma^2$ の値を求めなさい.

おわりに

　筆者(監修者)は，幼い頃から成績が悪く，先生から可愛がられた記憶がほとんどありません．中学生になっても，よく担任の先生に怒られもしたし，殴られもしました．今となってはすべて笑い話になりましたが，その中でも，日本史の先生には真面目に怒られたことは今でも鮮明に覚えています．

　その先生は骨のある日本史の授業で人気がありました．ある時，歴史的な事項で質問されて即座に「わかりません」と答えてしまったのです．「考えもしないで「わからん」と答える奴がいるか」と怒鳴られ，その授業の終わりまで立たされたことがありました．人生の晩年になって，その先生が怒った気持ちがわかるように思います．

　人間にとって生きていく上で大切な歴史教育を単なる受験科目のひとつとして，点数をとるために一夜漬けで片付けて得意になっている子ども達を見ていると，「そんな不遜な態度では何を勉強してもものにはならん．考えもしないで生きてきたことを悔いる時がいつかくるぞ」と警告を発していたに間違いはありません．ものごとを考えるという作業は何も数学，歴史に限ったことではありません．学校で教えている全ての教科にいえるのです．

　昨年末，国有地が格安で売却された森友学園問題を巡り，財務省は国会に改ざん文書を提出し，当時の財務官僚は国会で虚偽答弁を繰り返しました．行政側がこんなことを繰り返せば，国会がまともな国政調査の機能を果たせるわけがありません．法案審議も同様です．新しい法律をつくるには，その必要性を訴えることが必要だが，それが不適切なデータに基づくものならば，国民にとって不利益な誤った法律をつくることになりかねません．天下の悪法・共謀罪を強行採決して，一気に自衛隊を

おわりに

銘記して憲法改正へと調子に乗った安倍政治のなり行きに危惧していま
す.

　今の為政者は，法律は常に国民を縛るもので，自分たちは何も縛られ
ない自由奔放と錯覚しています. そんなことを言い出すと，筆者のかつ
ての職場の校長や私立大学の理事長などと枚挙にいとまがありません.
筆者には，日本全体がなにかじわりじわりと悪い方向に進んでいるよう
に思えてなりません. 論理に飛躍はあるが，筆者のような無責任な大人
たちが，幼い頃に義務教育を疎かにして，さも物知り顔して生きてきた
ことに遠因があるように思えてならないのです.

　定期的に市民病院に検診に行くと，どのお医者さんもコンピュータの
画面に釘付けで患者さんの顔を見てくれないのです. 患者さんの顔色を
見て「だいぶ顔色もよくなりましたね」というようなセリフはまず聞い
たことがありません. これは学校教師でも同じ状況のように思います.
毎日の報告書作成，予算申請などに追われて子どもたちと向き合う時間
的余裕などないのです.

　この本をお読みいただいた読者の皆さんには, 方程式から派生して「数
学」を味わう，楽しむことを知っていただければ幸いです, と同時に，お
子さんやお孫さんの問いかけを大切にしていただきたい. 筆者が学生の
頃を振り返ると，子ども達が投げかける質問にまともに答えてあげる大
人があまりに少なかったように思います. 国際社会で外国人から「日本
人っていうのは面白くない野郎だ」と軽蔑されることのないように，子
どもたちとの対話を大切にしてほしいと思います.

　説明の不十分な箇所，省略されている箇所があってつまずきましたら，
出版社にご一報下さい. 責任をもってあなたの疑問にお答えします. 私
たちは皆様の素朴かつ重要な問いかけから逃げることをしません.

2019 年 12 月筆者(監修者)

筑西市にて

第 2 章の練習問題の解答

【問題１】

(1) $3x + 5 = 8x - 5$

$3x - 8x = -5 - 5$

$-5x = -10$

$x = 2$

(2) $7x + 2 = 5x + 6$

$7x - 5x = 6 - 2$

$2x = 4$

$x = 2$

(3) $-5(x + 2) = 3x - 2$

$-5x - 10 = 3x - 2$

$-5x - 3x = -2 + 10$

$-8x = 8$

$x = -1$

(4) $2(4x - 1) = 3(x - 4)$

$8x - 2 = 3x - 12$

$8x - 3x = -12 + 2$

$5x = -10$

$x = -2$

(5) $7(2x + 6) = 4(3x + 11)$

$14x + 42 = 12x + 44$

$14x - 12x = 44 - 42$

$2x = 2$

$x = 1$

【問題２】

A 君の歩く距離を L_A として，歩く時間を x とすると，

$$L_A = 4 \times x + 4$$

という式が得られます．一方，B 君の歩く距離を L_B とすると

$$L_B = 6 \times x$$

という式が得られます．B君がA君に追いつくまでの時間を求めたいため，B君が歩いた距離とA君が歩いた距離が等しいことから

$$4 \times x + 4 = 6 \times x$$
$$4x - 6x = -4$$
$$-2x = -4$$
$$x = 2$$

となり，2時間後にB君がA君に追いつくことになります．

また，B君が歩いた距離は

$$L_B = 6 \times x$$

より，

$$L_B = 6 \times x = 6 \times 2 = 12$$

と求まり，12 km歩いたことになります．

第 3 章の練習問題の解答

【問題 1】

(1) $x^2 - 9 = 0$

作戦 1：平方根の形を使う

定数項を右辺に移項し，$x^2 = 9$，両辺の平方根をとると，解は $x = \pm 3$

(2) $x^2 - 8x = 0$

作戦 2：共通因数でくくる．

左辺を x でくくると，$x(x - 8) = 0$，よって解は，$x = 0 , 8$

(3) $x^2 - 4x + 4 = 0$

作戦 3：因数分解の式を使う

因数分解の公式：$x - 2ax + a^2 = (x - a)^2$ より，
$$x^2 - 2 \cdot 2x + 2^2 = (x - 2)^2$$

与えられた方程式は，$(x - 2)^2 = 0$ となる．よって解は $x = 2$：重解をもつ

(4) $x^2 - 2x - 3 = 0$

作戦 3：因数分解の式を使う：和と積の関係を利用

因数分解の公式：$x^2 + (a + b)x + ab = (x + a)(x + b)$ より
$x^2 + (-3 + 1)x - 3 \cdot 1 = (x - 3)(x + 1)$

与えられた方程式は，$(x - 3)(x + 1) = 0$, よって，解は $x = 3 , -1$

(5) $3x^2 + 5x - 2 = 0$

作戦 4；たすき掛けを使う

次ページの図で考える．方程式の係数を書き出し(Step1)，まず方程

の２次の係数について考えます(Step2). 掛けて 3 になるパターンは 1×3 もしくは−1×−3. 次に定数項について考えると(Step3)，掛けて-2 になるパターンは−2×1 もしくは 2×−1.

　　最後に 1 次の項について考えると(Step4)，このうち, 1 次の係数が 5 になるたすき掛けの組み合わせは 1×3 と 2×−1 のパターン.

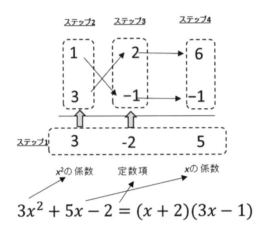

$$3x^2 + 5x - 2 = (x + 2)(3x - 1)$$

よって，与えられた方程式は,$(x + 2)(3x - 1) = 0$ に変形できる.
よって解は$x = 1/3$,-2

(6)　$x^2 + 6x - 1 = 0$

作戦 5 : 平方完成を使う.　$x^2 + 2ax + a^2 = (x + a)^2$　の関係から
以下のような変形を行う(両辺に3^2を加える).

$$x^2 + 2 \cdot 3x + 3^2 - 1 = 3^2$$

$$x^2 + 6x + 9 = 10$$

$$(x + 3)^2 = 10$$ ，両辺平方根をとると, $x + 3 = \pm\sqrt{10}$　となる

よって，解は$x = -3 \pm \sqrt{10}$

(7) $2x^2 + 6x + 2 = 0$

作戦 6：解の公式を使う．解の公式は，与えられた方程式が$ax^2 + bx + c = 0$のとき

$$x = \frac{-b \pm \sqrt{b^2 - 4ac}}{2a}$$

である．これに係数を代入すると

$$x = \frac{-6 \pm \sqrt{6^2 - 16}}{4}, 計算すると, x = \frac{-6 \pm \sqrt{20}}{4},$$

分母分子を 2 で割ると，解は $x = \dfrac{-3 \pm \sqrt{5}}{2}$

(8) $x(x + 1) = (x + 1)(2x - 1)$

$(x + 1) = A$として式を書き直す工夫が必要．与えられた式は，A で書き直すと$Ax = A(2x - 1)$となる．

右辺を左辺に移項すると，$Ax - A(2x - 1) = 0$が得られる．

A についてまとめると，$A(-x + 1) = 0$となる．

$(x + 1) = A$の関係から，式は$-(x + 1)(x - 1) = 0$となり，カッコの中が 0 になるのは，$x = \pm 1$の場合である．

【問題２】

解を 1 つだけ持つということは，解は重解を持つ．重解を持つ場合は判別式: $D = \sqrt{b^2 - 4ac}$が 0 になる必要がある．$0 = \sqrt{16 - 4c}$より $c=4$ の時に $D=0$ となることが分かる．

求めるべき方程式は，$x^2 + 4x + 4 = 0$となり，因数分解の公式より$(x + 2)^2 = 0$ となる．よって, $c=0$, 解は $x = -2$（重解）となる．

【問題3】

$\sqrt{2}$があるが，すべての項にかかっているので，$\sqrt{2}$で両辺割ると簡単な式になる．

与えられた方程式は，$x^2 - x - 6 = 0$となり，因数分解の公式を利用すると，

$$(x + 2)(x - 3) = 0$$

が得られる．よって解は，$x = -2, 3$となる．

【問題4】

$(x + 1)$をAとして式をまとめ直すと良い．

$$A^2 + 5A - 24 = 0$$

因数分解の公式を利用すると，

$$(A + 8)(A - 3) = 0$$

となり，$A = -8, 3$が得られる．

$A = (x + 1)$と定義したので，上式に代入すると $A = -8$ の場合は，$(x + 1) = -8$となり，解は$x = -7$である

また，$A = 3$ の場合は$(x + 1) = 3$となり，解は$x = 2$ となる．

【問題5】（物理現象との関係）

(1) ボールが最高点に到達したときの速度 [m/s] $v = 0$ である．

よって，時間に関する1次方程式で定義されている，$v = v_0 - gx$をxについて解く．

$$x = \frac{v_0 - v}{g}$$

この1次方程式の解に数値を代入すると

$$\frac{24.5 - 0}{9.8} = 2.5 \text{ [s]} \quad \text{となる．}$$

(2)　上の問題から，ボールが最高点に到達する時間が分かっているので，変位に関する方程式に時間を代入することで

$$y = 24.5 \cdot 2.5 - \frac{1}{2} \cdot 9.8 \cdot 2.5^2 = 30.6 \,[\text{m}]$$

(3)　元の位置にボールが戻るということは，変位は 0 である．変位に関する関係式に変位 0 を入れると

$$0 = v_0 x - \frac{1}{2} g t x^2$$

となり，時間に関する 2 次方程式ができる．xについて方程式を解くと次のようになる．(作戦 2 : 共通因子でまとめる)

$$x \left(v_0 - \frac{1}{2} g x \right) = 0$$

この 2 次方程式の解は，$x=0, \dfrac{2v_0}{g}$である．$x = 0$ は初期の状態なので，

求める解は，もう一方の$x = \dfrac{2v_0}{g}$である．この式に数値を代入すると

$$x = \frac{2v_0}{g} = \frac{2 \cdot 24.5}{9.8} = 5 \,[\text{s}]$$

となる．よって，ボールが上方に投げられ，最高点に到達した後に元の位置に戻る時間は，投げ上げしてから 5 秒後である．

第 4 章の練習問題の解答

【問題 1 】

(1)　$x^3-6x^2+11x-6=0$
　　　$(x-1)(x^2-5x+6)=0$
　　　$(x-1)(x-2)(x-3)=0$
　　　$x-1=0,\ x-2=0,\ x-3=0$
　　　$x=1,\ x=2,\ x=3$

(2)　$x^3+5x^2-4x-20=0$
　　　$(x-2)(x^2+7x+10)=0$
　　　$(x-2)(x+2)(x+5)=0$
　　　$x-2=0,\ x+2=0,\ x+5=0$
　　　$x=2,\ x=-2,\ x=-5$

(3)　$x^3+6x^2+12x+8=0$
　　　$(x+2)^3=0$
　　　$x+2=0$
　　　$x=-2$（三重解）

(4)　$x^3+2x^2+2x+1=0$
　　　$(x+1)(x^2+x+1)=0$
　　　1 つ目の解
　　　$x+1=0$
　　　$x=-1$
　　　2 つ目の解
　　　$x^2+x+1=0$

$$x=\frac{-1\pm\sqrt{1^2-4\times1\times1}}{2}$$

$$=\frac{-1\pm\sqrt{-3}}{2}$$

$$=\frac{-1\pm\sqrt{3}\,i}{2}$$

(5)　$x^3-6x^2-15x+100=0$
　　　$(x+5)(x^2-x-20)=0$
　　　$(x-5)(x+4)(x-5)=0$
　　　$(x-5)^2(x+4)=0$

$x-5=0,\ x+4=0,$

$x=5(重解),\ x=-4$

【問題２】　３次方程式の解 $(\alpha,\ \beta,\ \gamma)$ と係数の関係から

$$\alpha+\beta+\gamma=0$$
$$\alpha\beta+\beta\gamma+\gamma\alpha=-13$$
$$\alpha\beta\gamma=12$$

である．また，$\alpha^2+\beta^2+\gamma^2$ は次のように分解できる．

$$(\alpha+\beta+\gamma)^2-2(\alpha\beta+\beta\gamma+\gamma\alpha)$$

したがって，それぞれを代入すると，

$$\alpha^2+\beta^2+\gamma^2=(\alpha+\beta+\gamma)^2-2(\alpha\beta+\beta\gamma+\gamma\alpha)$$
$$=0^2-2(-13)$$
$$=26$$

確認のため，実際に３次方程式を解いて求める．与えられた３次方程式を因数分解すると，

$$(x+1)(x^2-x-12)=0$$
$$(x+1)(x+3)(x-4)=0$$

となる．したがって，

$$x+1=0,\ x+3=0,\ x-4=0$$
$$x=-1,\ x=-3,\ x=4$$

と解が求められる．それぞれの解に対して，$\alpha=-1,\ \beta=-3,\ \gamma=4$ とすると，

$$\alpha^2+\beta^2+\gamma^2=(-1)^2+(-3)^2+4^2$$
$$=1+9+16$$
$$=26$$

となり，答えが正しいことが分かる．

＜監 修 者 略 歴＞

黒須 茂（くろす しげる）

1940 年東京生まれ．1962 年新潟大学工学部機械工学科卒業．同年，大江工業株式会社入社．1970 年慶應義塾大学大学院修士課程修了．1970〜74 年同大学工学部助手．1974〜2003 年小山工業高等専門学校．芸名黒洲雲覺（くろすうんかく）の名で「大道易学」でデビュー．現在大道芸研究会会員，日本計量史学会副会長，小山高専名誉教授．工学博士．

著書に，「制御工学入門」（パワー社），「ディジタル制御入門」（日刊工業新聞社出版局，共著），「図解雑学 測る技術」（ナツメ社）など．

＜著 者 略 歴＞

山川 雄司（やまかわ ゆうじ）

1982 年栃木生まれ．2003 年小山工業高等専門学校機械工学科卒業．2006 年東京大学工学部機械工学科卒業．2008 年東京大学大学院情報理工学系研究科システム情報学専攻修士課程修了．2011 年同専攻博士課程修了．2011 年同大学院同研究科創造情報学専攻特任助教．2014 年同大学院同研究科システム情報学専攻助教．2017 年東京大学生産技術研究所講師．2018 年東京大学大学院情報学環講師．博士（情報理工学）．

著書に，「制御工学演習」（パワー社，共著），「わかったつもりの迷い道 教えて！算数・数学（なぜなの・どうして）」（パワー社，共著），「こうすれば解ける！文章題 問題の正しい読み方・解き方」（パワー社，共著）など．

神谷 哲（かみや てつ）

1992 年小山工業高等専門学校機械工学科卒業．1998 年千葉大学大学院自然科学研究科電子機械科学専攻修了，修士（工学）．明治乳業株式会社（現：株式会社 明治）入社．2010 年横浜国立大学大学院工学府機能発現工学専攻同専攻修了，（博士（工学））．食品の新規製造プロセスの開発，生産機器の性能評価やスケールアップ指標の構築，喫食時のバイオメカニクスの研究に従事．

著書に，「最近の化学工学 66 多様化するニーズに応えて進化するミキシング」（化学工業会，共著），「化学プロセスのスケールアップ，連続化」（技術情報協会，共著），「攪拌技術の基礎と応用」（分離技術会，共著）など

山崎 敬則（やまざき たかのり）

1992 年小山工業高等専門学校機械工学科卒業．2000 年東京農工大学大学院生物システム応用科学研究科博士課程修了，博士（工学）．同年東京農工大学ベンチャー・ビジネス・ラボラトリー特別研究員．2002 年小山工業高等専門学校機械工学科助手．2014 年東京電機大学電子・機械工学系助教．2016 年同准教授．工作機械の運動制御，質量の動的測定などを研究．

著書に，「制御工学演習」（パワー社，共著），「制御工学—技術者のための，理論・設計から実装まで」（実教出版，共著）など．

これでわかる方程式・算数がもっと身近になる

定価はカバーに表示してあります

2020 年 2 月 15 日 　印　　刷
2020 年 2 月 25 日 　発　　行

監　修　黒　須　　　茂
　　　　山　川　雄　司
ⓒ著　者　神　谷　　　哲
　　　　山　崎　敬　則
発行者　原　田　　　守
印刷所　新 灯 印 刷 ㈱
製本所　新 灯 印 刷 ㈱

発　行　所
株式会社　パ ワ ー 社

〒 171- 0051 東京都豊島区長崎 3-29-2

振替口座 00130-0-164767 番
TEL　東京 03 (3972) 6811
FAX　東京 03 (3972)6835

Printed In Japan

ISBN978-4-8277-3132-3 C0041 ⑮